创意服装
设计系列

服装设计
基础与创意

李 正 丛书主编
王小萌 张 婕 李 正 编著

化学工业出版社
·北京·

本书以作者的实际教学经验为基础，对服装设计基础与创意进行了明确诠释。全书共分8章，主要介绍了服装设计相关概念、服装设计与人体美学、服装设计美学原理与形式美法则、服装设计构思方法、服装设计风格与款式廓形、服装色彩基础理论、服装设计中的面料与工艺、服装流行趋势与创意系列设计等内容。本书注重对服装专业学习者的系统理论知识和创新思维能力的培养，具有较强的针对性与可操作性，启发读者的创造性思维，提高服装设计能力与艺术鉴赏力，为学习服装设计奠定扎实的知识基础。

本书内容详实、图文并茂、理论联系实际，始终以服装设计基础与创意为宗旨，以点带面，拓展读者视野，具有可学习性、可理解性、可操作性和新颖性。本书既适合作为高等院校和职业院校服装专业教学用书，又可作为服装行业专业人员与广大服装爱好者的专业参考书。

图书在版编目 (CIP) 数据

服装设计基础与创意 / 王小萌，张婕，李正编著．—北京：化学工业出版社，2019.1（2023.8 重印）

（创意服装设计系列）

ISBN 978-7-122-33540-1

Ⅰ．①服… Ⅱ．①王… ②张… ③李… Ⅲ．①服装设计 Ⅳ．① TS941.2

中国版本图书馆 CIP 数据核字（2018）第 288046 号

责任编辑：徐　娟　　　　　　　　　　　　　　　装帧设计：卢琴辉
责任校对：王素芹　　　　　　　　　　　　　　　封面设计：刘丽华

出版发行：化学工业出版社（北京市东城区青年湖南街 13 号　邮政编码 100011）
印　　装：北京虎彩文化传播有限公司
787mm×1092mm　1/16　印张 10　字数 200 千字　2023 年 8 月北京第 1 版第 6 次印刷

购书咨询：010-64518888　　售后服务：010-64518899
网　　址：http://www.cip.com.cn
凡购买本书，如有缺损质量问题，本社销售中心负责调换。

定　价：68.00 元　　　　　　　　　　　　　　　版权所有　违者必究

两句话

"优秀是一种习惯",这句话近一段时间我讲得比较多,还有一句话是"做事靠谱很重要"。这两句话我一直坚定地认为值得每位严格要求自己的人记住,还要不断地用这两句话来提醒自己。

读书与写书都是很有意义的事情,一般人写不出书稿很正常,但是不读书就有点异常了。为了组织撰写本系列书,一年前我就特别邀请了化学工业出版社的编辑老师到苏州大学艺术学院来谈书稿了。我们一起谈了出版的设想与建议,谈得很专业,大家的出版思路基本一致,于是一拍即合。我们艺术学院的领导也很重视这次的编撰工作,给予了大力支持。

本系列书以培养服装设计专业应用型人才为首要目标,从服装设计专业的角度出发,力求理论联系实际,突出实用性、可操作性和创新性。本系列书的主体内容来自苏州大学老师们的经验总结,参加撰写的有苏州大学艺术学院的老师、文正学院的老师、应用技术学院的老师,还有苏州市职业大学的老师,同时也有苏州大学几位研究生的加入。为了本系列书能按时交稿,作者们一年多来都在认认真真、兢兢业业地撰写各自负责的书稿。这些书稿也是作者们各自多年从事服装设计实践工作的总结。

本系列书能得以顺利出版在这里要特别感谢各位作者。作者们为了撰写书稿,熬过了许多通宵,也用足了寒暑假期的时间,后期又多次组织在一起校正书稿,这些我是知道的。正因为我知道这些,知道作者们对待出版书稿的严肃与认真,所以我才写了标题为"两句话"的"丛书序"。在这里我还是想说:优秀是一种习惯,读书是迈向成功的阶梯;做事靠谱很重要,靠谱是成功的基石。

本系列书的组织与作者召集工作具体是由杨妍负责的,在此表示谢意。本系列书包括《成衣设计》《服装与配饰制作工艺》《童装设计》《服装设计基础与创意》《服装商品企划实务与案例》《女装设计》《服饰美学与搭配艺术》。本系列书的主要参与人员有李正、唐甜甜、朱邦灿、周玲玉、张鸣艳、杨妍、吴彩云、徐崔春、王小萌、王巧、徐倩蓝、陈丁丁、陈颖、韩可欣、宋柳叶、王伊千、魏丽叶、王亚亚、刘若愚、李静等。

本系列书也是苏州大学艺术研究院时尚艺术研究中心的重要成果。

苏州大学艺术研究院副院长　李正

2018 年 7 月 8 日

前　言

伴随着全球服装经济的繁荣与发展，我国作为世界上最大的服装生产国和出口国，已愈来愈备受世人瞩目，不仅在国际上享誉盛名，而且有着举足轻重的国际地位。自20世纪80年代起，我国高等服装设计教育发展至今已有30余年，现在已经成为艺术设计学科的重要组成部分。通过近年来全国各服装院校师生的共同努力，我国服装设计专业教育发展得越来越规范，已逐步趋于成熟。虽然与国际上一些发达国家的设计院校相比，我们还有自身的不足，但教学水平与教学成果正逐步与世界发达国家接轨。

本书以培养服装设计专业应用型人才为首要目标，力求理论联系实际，旨在传递服装设计基础专业知识，从而启迪读者独立思考的创新能力。从服装设计专业教学角度出发，坚持艺工相结合，全面而详实地阐述服装设计基本理论知识与学习方法，培养读者进行独立思考、自主原创的创意设计能力。在内容方面，为突出实用性与直观性，书中精选了大量的设计案例，使读者能够更加直观、系统、全面地了解与学习。此外，书中还增加了"知识拓展"，使读者在学习服装设计专业知识的基础上了解更多相关时尚历史资讯。希望本书能对相关院校服装设计教学课程的完善以及服装设计专业的学生和服装爱好者有所帮助。

在本书的编写与出版过程中，苏州大学艺术学院、苏州大学文正学院、化学工业出版社的各位领导始终给予了大力的支持与帮助，在此表示崇高的敬意和衷心的感谢。另外还要特别感谢苏州市职业大学张鸣艳老师、湖州师范学院徐催春老师、苏州大学王巧和唐甜甜老师、合肥师范学院宋柳叶老师以及苏州大学研究生杨妍、陈丁丁、陈颖、徐倩蓝、韩可欣等同学给予的无私支持和帮助。本书在编著过程中参阅和引用了部分国内外相关资料和图片，对于参考文献的作者在此表示最诚挚的谢意。

本书是编著者多年来教学实践的总结，但由于时间仓促加之水平有限，本书的内容还存在不足之处，恳请读者给予批评指正，这样也便于我们再版时加以修正。

王小萌

2018年6月

目　录

目　录

目 录

目 录

第一章
绪　论

服装设计作为现代艺术设计中的重要组成部分，其文化形式与艺术形态直接或间接反映了当下社会潮流的发展趋向。服装作为人们生活中不可或缺的一部分，承载着精神性与物质性、审美性与功能性的多重属性，是时代发展与人类进步的有机产物，不仅有助于人们营造良好的生存方式，更是提高人们生活品位与生活质量的重要途径。

第一节　服装设计的内涵与构成

作为一门涉及领域极广的边缘学科，服装设计与文学、艺术、历史、哲学、宗教、美学、心理学、生理学以及人体工学等社会科学和自然科学都密切相关。这门极具综合性的艺术不仅涵盖了一般实用艺术的共性，而且在内容与形式及表达手法上又具有自身的特殊属性。

一、服装设计与相关概念界定

（一）服装设计

设计（Design）原意是指针对一个特定的设计目标，在计划的过程中求得一种设计问题的解决方式，进而满足人们的某种需求。而服装设计是指在一定的社会、文化、科技等环境中，依据人们的审美要求与物质要求，运用特定的思维形式、审美原理等进行设计的一种方法。通过服装设计，一方面，解决人们在穿着过程中所遇到的功能性问题；另一方面，将富有美观性与创意性的设计理念传递给大众。

根据设计的内容与性质不同，服装设计可以分为服装造型设计、服装结构设计、服装工艺设计、服饰配件设计等。从服装设计的角度来看，服装设计是设计师根据设计对象的要求而进行的一种构思，是通过绘制服装效果图、平面款式图与结构图进行的一种实物制作，最终达到完成服装整体设计的全过程。其中，首先是将设计构思以绘画的方式清晰、准确地表现出来，尔后选择相应的主题素材，遵循一定的设计理念，通过科学的剪裁手法和缝制工艺，使其由概念化转化为实物化。

一般来讲，服装设计可分为两大类别，即成衣设计与高级时装设计。成衣设计的消费对象往往是某一阶层的部分人群，如细分至不同地区、职业、性别、年龄、审美需求等方面，再细致划分出不同的消费层次。相较于成衣设计，高级时装设计则更具有局限性。两者的主要区别在于成衣设计的对象是某一阶层的人群，而高级时装设计的对象往往是一个具体的人。

（二）衣服

衣服即包裹人体躯干部分的衣物，包括胴体、手腕、脚腿等的遮盖物，一般不包括冠帽及鞋履等物。

（三）衣裳

"衣"一般指上衣，"裳"一般指下衣，即"上衣下裳"。有关衣裳定义，可以从两个方面理解：一是指上体和下体衣装的总和；二是按照一般地方惯例所制作的衣服，如民族衣裳、古代新娘衣裳、舞台衣裳等，也特指能代表民族、时代、地方、仪典、演技等特有的服装。

（四）成衣

成衣是指近代出现的按标准号型批量生产的成品服装。这是相对于在裁缝店里定做的服装和自己家里制作的服装而出现的一个概念，现在服装商店及各种商场内购买的服装一般都是成衣。

（五）时装

时装是指在一定时间、空间内，为相当一部分人所接受的新颖、入时的流行服装，对款式、造型、色彩、纹样、缀饰等方面追求不断变化创新、标新立异，也可以理解为时尚、时髦、富有时代感的服装。它是相当于古代服装和已定型于生活当中的衣服形式而言的。时装至少包含以下三个不同的概念，即 Mode（样式）、Fashion（时尚）、Style（风格）。

二、服装设计的特征与构成要素

（一）服装设计的特征

伴随着现代服装行业的飞速发展，服装设计的内容与形式已成为服装生产环节中的灵魂。从服装设计的广义角度来讲，服装设计是服装生产的首要环节。同时，也是贯穿于服装生产过程中最重要的核心环节。作为一种针对不同人群而进行的视觉衣装设计，特定人群对象的外在生理特征与内在心理特征直接或间接制约着服装设计特征。这种与科技、物质与文化的综合性设计艺术，既是物质与精神的双重升华，也是抽象到具象的系列转化。

在服装设计中，各种造型要素之间有着一定相互制约、相互衔接的内在联系。例如，不同的服装风格是由不同的面料与色彩进行体现的，不同的服装廓形是由不同剪裁方法进行体现的，而不同的剪裁方法通过不同的缝纫技术也会呈现出不同的视觉效果。这些环节相互呼应，紧密结合，缺一不可。因此，服装设计不仅仅是对以上各种要素进行全面的设计，更重要的是对人的整个着装状态进行全方位的视觉把控设计。在设计过程中，要时刻考虑到服装与环境之间，在造型与色彩上的相依共融的协调、统一关系。

（二）服装设计的构成要素

服装设计主要由三大要素构成，即款式、色彩、面料。

首先，款式是服装造型的基础，是三大构成要素中最为重要的一部分。其作用主要体现在主体构架方面。

其次，色彩是服装设计整体视觉效果中最为突出的重要因素。色彩不仅能够渲染、创造服装的整体艺术气氛与审美艺术感受，而且能为穿着者带来不同的服装风格与体验。

最后，面料是体现款式结构的重要方式。不同的服装风格、款式需要运用不同的面料进行设计，从而达到服装整体美的和谐性与统一性。

在不同风格的服装设计中，对于三大要素的把握程度与强化的角度也是有所区别的。因此，在服装设计的过程中需注意，三大要素是既相互制约又相互依存的关系。服装设计师应在把握国际流行趋势的基础上，进行市场深度调研，全面并详细了解消费者的审美心理与物质需求，以及对款式、色彩、面料的实际要求。并从消费者的众多要求中分析、归纳出统一的、带有共性的设计要素，从而以此作为设计的重要依据。除此之外，设计师还应考虑到实施工艺流程的规范性与可操作性，以求在批量生产中降低成本，节约资源，提高效益。

第二节　东西方服装设计发展历程

纵观东西方服装设计发展历程，服装从遮羞布走向时尚大舞台经历了一个漫长的过程。服装的发展与社会的变迁有着密切的关系，服饰文化可以说是社会文化的直观表现。东西方服装作为世界服装的重要组成部分，其发展变化受到了东西方文明传播的直接影响。

一、东方服装设计发展历程

在东方服饰的发展进程中，东方传统思想文化中的内敛、含蓄对东方服饰文化产生了深远的影响，同时也造就了东方服饰宽衣博带、端庄风雅的服饰特征。这种以不显露人体曲线为特征的服饰，具有极其浓烈的东方审美特性与神秘感。

进入 21 世纪以来，伴随着社会经济的蓬勃发展，人们对于服装的要求也渐渐转向开放性与自由性。东方服饰的发展也更加呈现国际化与多民族化的发展趋势。其中，最具有东方特色的服饰代表有中国的汉服（见图1-1、图1-2）、旗袍（见图1-3、图1-4）、日本的和服、印度的纱丽、中东国家的长袍等。

（一）中国传统服饰

由于统治阶级的民族改变，中国传统服饰根据时代的不同而发生了阶段性的变化，同时各民族都保有其各具特色的服饰，进而形成了服饰文化系统。在形制上，存在上衣下裳型和衣裳连属型两种式样，这两种式样通常配合使用，具有舒适自由的优点。在装饰纹样上，通常采用动物和植物纹样，纹样的不同也显示着穿衣者身份地位的高低。纹样的表现有抽象、写实等几种方法。在色彩上，通常是以青、黄、赤、白、黑五色为主，其他间色为辅，有着庄重严肃、古朴大方的特点。同时，服装色彩的使用也有着严格的等级规范，象征着社会身份地位。由此可见，中国传统服饰完全展示了其中庸、矜持、重视礼仪的民族文化，也大大影响了其他东方国家的服饰文化发展。

图1-1　中国传统服饰汉服（一）

图1-2　中国传统服饰汉服（二）

图1-3　中式旗袍

图1-4　20世纪40年代香云纱单旗袍

（二）日本传统服饰

日本传统民族服饰称为和服（见图1-5、图1-6），它是根据中国隋唐时期的服饰演变而来的。和服发展到现在，既保有中国服饰的一些特点，又在此基础上有所改变，形成了独具日本风格的代表性民族服饰。

图1-5 日式粉色传统和服　　　　　　　图1-6 日式黑色传统和服

在中国唐代，随着遣唐使者进入日本，他们把中国的传统服饰也带入了日本。最初，仅仅是得到了达官贵族的青睐，后来这种具有大唐风韵的贵族服饰经过日本人的精美改造，呈现出别具一番韵味的视觉美感。其中，如把衣袖加长加宽、衣身加长、腰部束紧等，使人在穿着时紧贴衣身以体现人体的线条美。在经过这些改造设计后，日本人便将这种服饰确定为日本的民族服饰，即和服。

（三）其他东方传统服饰

除了上述一些极具东方特色的传统服饰之外，埃及、中东及远东等国家的传统服饰也颇为精美。如阿拉伯国家的袍服（见图1-7）、泰国的纱笼（图1-8）、印度的纱丽（图1-9）等服饰都具有相当鲜明的民族特色。

图1-7 阿拉伯国家男式袍服

图 1-8　泰国女士纱笼

图 1-9　印度女士纱丽

　　阿拉伯传统男袍通常比较宽松，长及脚踝，男袍多为白色，也有其他浅色，但无深色。当地身份尊贵的男士，或者是在参加正式活动时，还要佩戴一种长可披肩的白色头巾，并在头顶加一圈环箍。阿拉伯男性在穿着传统长袍时，一律只穿拖鞋，且不穿袜子。这是由于阿拉伯国家特殊的地理位置，炎热的气候使得他们只能穿拖鞋。即使是在出席一些正式的重要场合中，他们的双脚也只穿皮拖。虽然长袍款式相近，但是阿拉伯男性穿着的白色长袍并非都是千篇一律的。

　　实际上，每个国家大多都有自己特定的款式和尺码，如被称为"冈都拉"的男袍为例，几乎就有不下十几种的款式。如阿联酋款、沙特款、苏丹款、科威特款、卡塔尔款等，更有从中衍生出来的摩洛哥款、阿富汗套装等。

　　冬季阿拉伯男人也会穿着织物质地较厚重的服装，天气特别凉的时候，他们还会戴上一种白色钩编的无檐小帽，称为"加弗亚"或"塔格亚"，再盖上名为"古特拉"的白色棉布，有时候是红白相间的羊毛织物。其中许多服饰的形式都与古希腊时期的服饰颇为相似。从某种程度上来讲，他们之间相互影响并有着共同的历史渊源。

知识拓展

和服的秘密

　　莎士比亚说过："即使我们沉默不语，我的衣裳也会泄露我们过去的经历。"在服装式样不断推陈出新，新潮时装令人应接不暇的今天，能够代表一个民族的恐怕莫过于独特的传统服装了。

日本的和服就是世界上享有极高声誉的美轮美奂的民族服装之一，它以其别具一格的款式和高度的艺术性而著称于世。

据史书记载，远在公元 3 世纪前后就出现了和服的雏形。当时的日本服装，是被称为"贯头衣"的女装和被称为"横幅"的男装。所谓"贯头衣"，就是在一大块布的中央挖一个洞，穿着时从头上套下来，然后用带子系住垂在两腋下的布，再配上类似于裙子的下装，其做法相当原始，但非常实用。所谓"横幅"，就是将未经裁剪的布围在身上，露出右肩，如同和尚披的袈裟。日本的和服就是在此基础上逐步演化而来的。日本出土的公元 3 ~ 7 世纪古墓的人形埴轮上已有各种和服的形象资料。公元 8 世纪，即日本的奈良时代，中日文化之间的交流开始频繁起来，大量的中国文化（包括中国人的服装）涌入日本，对日本的政治、文化、社会生活以及文学、宗教等都产生了巨大的影响。日本人的服饰这一时期出现了非常明显的模仿唐代服装的趋势。和服也不可避免地受到了影响，当时和服的名称，如"唐草""唐花""唐锦"等均带有"唐"字就说明了这一点。而且，和服长衿大袖的特点就和我国唐朝的服装十分相像。到了大约 600 多年前的室町时代，和服基本定形，大致成为现代日本大众文化成为现在的这种式样。明治维新以后，这种民族服装开始被称为"和服"，以区别于西方传来的服装。几百年来，和服的制式基本上没有什么改变，始终保持了今天的这种样子。

宽袖、开襟、腰束、宽带是和服的普遍特征，这使得和服的款式看上去似乎千篇一律，实际上和服的种类很多。女性穿着的各种和服造型大同小异，主要的区别在袖子上，大体分为"黑留袖""色留袖""本振袖""中振袖"等。这小小的不同，正是显示穿着者年龄、身份及社会地位的重要标志。所谓"振袖"是指长袖和服，它是日本未婚青年女性的传统服装，比较豪华，袖子往往长达 1m 左右，甚至垂至脚踝，一般是在庆祝结婚或毕业的宴会上以及新年等节日才穿着的。"留袖"通常是指袖子相对较短的和服。"黑留袖"和服往往装饰有精致的花纹，它是中年妇女在婚礼、宴会及比较隆重的正式场合穿着的礼服。"色留袖"是有各种颜色的和服，穿着者比穿"黑留袖"的人年轻，也是在隆重场合穿着的礼服。另外，还有一种被称为"色无地"的和服，这种和服没有花纹图案，但有颜色，通常印有"家徽"（家族的标志），一般是在平时穿着的。作为礼服的"色无地"有喜事和丧事之分，丧服大多为素色、黑色或白色，造型同"留袖"无大的区别。男子穿和服时，如果是出席比较隆重的场合，一般要在和服外面再罩一件名为"羽织"（即"羽织袴"，"袴"是男子和服的下装）的服装，它是一种特定的礼服，其作用和我国清朝的马褂相仿。在和服的长度方面，女装要长于男装。两者同样用斜襟，但男装是用左襟盖住右襟，女装则相反，是用右襟盖住左襟。

和服在穿着时有很多规定。仅衣襟的开合就有很多讲究，不同的开合具有不同的含义，显示穿着者不同的身份。例如，艺人在穿着和服时，衣襟始终是敞开的，仅在衣襟的 V 字形交叉处系上带子。这种穿着方式，不仅给人以一种含蓄的美感，而且还能让人从和服似脱非脱的状态判断出穿衣者的职业身份。相反，如果不是从事该职业的妇女在穿着和服时，则需将衣襟合拢。但即使同样是合拢衣襟，程度上也有区别，这是显示穿着者婚姻状况的标志。如果是已婚妇女，那么衣襟不必全部合拢，可以将靠颈部的地方敞开；而如果是未婚的女性，则一定要将衣襟全部合拢。古时候日本新娘出嫁穿的一套和服是12件，现在一般穿7件。年轻女性在结婚前必须学会穿和服。由于和服的穿着过程极为复杂，常常是一套和服要穿两三个小时，以至于在日本设有专门教人如何穿和服的教学机构一"穿戴教室"。全日本共有1200多家和服学校，仅东京一地就超过20家。日本的电台和电视台也常举办有关和服的广播电视节目，另外还出版关于和服的专业季刊和月刊。

（摘自曹永玠著《现代日本大众文化》中国经济出版社）

二、西方服装设计发展历程

从西方服装发展的轨迹来看，大致经历了两次转折：其一是从古代南方型的宽衣形式向北方型的窄衣形式演进；其二是从农业文明的服装形态向工业文明的服装形态转型。

西方时装起源于法国巴黎，1904年法国服装设计师保罗·布瓦列特（Paul Poiret，见图1-10）通过废除使用了接近200年的紧身胸衣，参照东方和古典欧洲风格的服装而设计出新的女装，并且定期推出自己的时装系列，成为世界上第一位具有现代意义的时装设计师。

图1-10　保罗·布瓦列特（Paul　Poiret）

这个时期的一些法国服装设计师，如玛利亚诺·佛图尼（Mariano Fortuny）、捷克·杜塞（Jacques Doucet）、简·帕昆（Jane Paquin）等大师都对时装的形成起到了重要的促进和推动作用。

1910～1919年期间，由于社会的巨大变革，女性强烈要求把自己的身体从束缚型的服装中解放出来。她们热衷于参加社会活动，呼吁女权主义，这股极具"女权主义色彩"的社会潮流推动了时装的发展。其中，女性裤装第一次作为正式的服装部分呈现在大众眼前，这一里程碑式的纪念使女性服装设计产生了重大的变革，并由此衍生出现了一批新一代的时装设计师，如爱德华·莫林诺克斯（Edward Molyneux，代表作见图1-11）、让·巴铎（Jean Patou）、麦德林·维奥涅特（Madeleine Vionnet）等。至此，西方服装设计经历了一个从早期到成熟期的过渡阶段。

图 1-11　爱德华·莫林诺克斯（Edward Molyneux）代表作

　　1920 ~ 1939 年被称为"华丽的年代"，这个时期的西方服装达到了第一个高潮——出现了世界上第一位时装设计大师——可可·香奈儿（Coco Chanel，见图 1-12）。可可·香奈儿利用品牌为媒介，通过精致考究的设计，使时装成为社会的潮流。1930 ~ 1939 年期间，相继出现了另外一些讲究典雅风格的时装设计大师，如尼娜·里奇（Nina Ricci）、阿利克斯·格理斯（Alix Gres）、梅吉·罗夫（Maggy Rouff）、马谢·罗查斯（Marcel Rochas）、明·波切（Main Bocher）、奥古斯塔·伯纳德（Augusta Bernard）、路易斯·波澜吉（Louise Boulanger）等。在此期间，女性服装的改革核心从黑色上衣转变为宽大的白色上衣，与上一个十年形成鲜明的对比。值得一提的是，此时电影行业也开始有了突飞猛进的发展，并对当时的时装业产生了较大的影响，推动了整个时装产业的发展。

图 1-12　可可·香奈儿（Coco Chanel）

　　1940 ~ 1960 年期间，西方欧洲经历了残酷的第二次世界大战和战后艰苦的恢复阶段。在此期间，虽然时装业受到了巨大的冲击，但依然在困境中有所发展。战后初年，法国时装业在一些设计师如克里斯托瓦尔·巴伦西亚加（Cristobal Balenciaga）、皮尔·巴尔曼（Pierre Balmain）等的领导与号召之下，在发展中不断探索，更加强调优雅风貌，从而使时装设计逐步走向恢复。

　　1947 年，时装设计大师克里斯汀·迪奥（Christian Dior，见图 1-13）以复古优雅的风格，适时推出了"新风貌"（New Look，见图 1-14、图 1-15），从而被誉为"温柔的独裁者"。除了"新风貌"先声夺人的优雅之外，女性内衣的改革也具有里程碑式的纪念意义。

图1-13　克里斯汀·迪奥（Christian Dior）　　图1-14　迪奥的"新风貌"风格服装

图1-15　迪奥先生和他的时装模特们

　　在这个时装设计的黄金年代中，涌现出不少时装设计大师，如休伯特·德·纪梵希（Hubert de Givenchy）、路易·费罗（Louis Feraud）、华伦天奴（Valentino）等。时装设计在这个时期的里程碑式的焦点还包括鸡尾酒会服装（Cocktail Dress）和婚纱。由于此时的时装业已经初具规模，因此时装设计的程序和产业的结构也都开始朝程式化的发展方向大步迈进。

　　在经过优雅的巅峰时代后，西方服装开始进入了动荡时代。在"反文化、反潮流、反权威"的意识形态主张下，这个时期的时装开始逐渐走向非主流化，即追求不拘一格的时尚艺术表现。同时也更加突出设计师个人的风格与审美主张，如伊夫·圣·罗兰（Yves Saint Laurent）、安德列·库雷热（Andre Courreges）、皮尔·卡丹（Pierre Cardin）、帕科·拉巴涅（Paco Rabanne）、伊曼纽尔·乌加诺（Emmanuel Ugaro）、卡尔·拉格菲尔德（Karl Lagerfeld）、马克·波汉（Marc Bohan）、盖·拉罗什（Guy Laroche）、索尼亚·莱基尔（Sonia Rykiel）、玛丽·匡特（Mary Quant）等，他们的设计开创了时装设计的"新异化的时代"，把时装引向了一个更加具有艺术表现韵味与社会思潮结合的新阶段。在当时来讲，时装设计虽然的确具有极强的震撼影响力，冲击了主流文化，改变了潮流脉象，但终究仍是敌不过商业主义的价值潮流。

自20世纪以来，西方服装一直存在于不断地变化之中，从"放弃紧身衣"到"露出腿脚"，从"强调曲线美"到"性别概念化"，这些表现方式虽然不同，但追求的目标却始终是相同的。

进入千禧年后，当下服装产业也更是呈现出一种多元化的发展趋势。西方独立原创设计师如雨后春笋般层出不穷，不仅引领着各种时尚风格文化不断前行，也为全球服装产业的进一步发展奠定了良好的基础。

知识拓展

玛丽·匡特与她的"迷你裙"

玛丽·匡特（Mary Quant）出生于1934年，是"摇曳的伦敦"最重要的设计大师。她的贡献在于她设计了全世界第一条超短裙，创造了剪成几何形状的发型，使用了灿烂的色彩，并且设计了有图案的连裤袜。

1955年，玛丽·匡特在伦敦的皇帝大道上开了一间小小的时装店，叫"巴萨"，这是她的业务的开端，她的目标就是当时具有反叛精神的青少年。她推出小到几乎无以复加地步的裙子，是后来的"迷你裙"的雏形。

玛丽·匡特是伦敦人，在歌德史密斯大学学习美术，她对设计的兴趣很大，因此开始尝试设计服装。由于她的青少年的倾向，服装设计活泼、青春，所以一经推出就获得巨大的成功，从而走上设计生涯。她喜欢直线方式，剪裁简单，具有日夜都可以穿的特点，很受青少年欢迎。她开始设计裙子的裙裾原来还是在膝盖以下的，但是后来越来越短，终于成为迷你裙，或者称为超短裙，她成为超短裙的创始人。

她的创造好像潮水一样源源不断，完全征服了20世纪60年代的青少年。她所设计的"热裤"、裤装、低挂到屁股上的腰带等，成了60年代的象征。她的标志是一个黑色的雏菊，出现在她设计的所有产品上，从服装到化妆品，无处不在，是品牌意识成熟的标志。

这里经常遇到一个具有争议的问题：是谁最先发明了迷你裙（见图1-16）？匡特不纠缠在这些问题中，她说迷你裙应该是街头的少女自己流行起来的，她作为一个时装设计师仅仅是把它们时髦化罢了，这个解释其实非常聪明，也是事实。

图1-16 玛丽·匡特设计的"迷你裙"

玛丽·匡特的时装店中当时仅仅销售她自己缝制的服装。但是到 20 世纪 60 年代，她的商店已经成为世界著名的品牌。她设计的服装流行于全世界，她的业务也成为一个世界帝国。她设计的服装定位于年轻人，而她的设计是以简单为中心的。与那些复杂的巴黎时装比较，玛丽·匡特的设计非常清纯和简洁。她的设计包括时装、饰品、化妆品，都走同样的简洁的路线。她是第一位采用 PVC 塑料设计外衣的设计师，也是第一位设计有长长的背带的手袋的设计师，还是第一位把设计的目标锁定在青少年身上的设计师。现在非常流行的时装术语"面貌"也从她开始的。1966 年她被命名为英国的"本年女性"。60 年代的英国青年被称为"垮掉的一代"，精神颓废，标新立异，玛丽·匡特的市场就是对准他们。她早期设计迷你裙深受英国青少年欢迎，因此她在 1963 年成立了"活力公司"，以造型简洁、年轻而标新立异的设计来满足青少年的需要，她推出的设计立即受到近乎狂热的欢迎，畅销西方世界，是嬉皮士的最爱。1965 年，迷你裙和宇宙风格横行一时，玛丽·匡特把她原来已经很短的裙子再提高到膝盖以上 4 in（约 10cm），形成极为短小的"伦敦装"，风靡世界。她设计了雨衣、紧袜、内衣和游泳衣，与迷你裙配合，形成时尚，之后又推出相关的家具、床上用品、领带、文具、眼镜、玩具、帽子等，内容众多，也形成自己的产品系列。

玛丽·匡特虽然在 20 世纪 60 年代先声夺人，但是到 70 年代末，她差不多完全被遗忘了，她出售了自己的业务，把精力完全放在为其他公司设计化妆品上。她与哈地·阿密斯（Hardy Amies）一样，完全靠自己以往的名望谋生，她的名字在日本迄今依然非常有号召力。

玛丽·匡特是最具有典型意义的 20 世纪 60 年代的时装设计师，她的名字和她的设计将永远被记录在时装史中。

（摘自王受之著《世界时装史》中国青年出版社）

三、我国当代服装设计发展现状

现如今，由于社会经济的飞速发展，人们对于服装审美的眼光也在逐渐提高，因此对服装也有了更为主观的认知与评判标准。过去，服装仅仅具备了物质属性，满足了人们对于服装功能性的要求。而今，人们更是着重要求服装的外在精神属性，通过自己的喜好来选择服装，彰显时尚个性。

在 20 世纪 80 年代，随着社会的逐渐开放，人们一改之前单一、沉闷的服装款式，模仿西方穿起了牛仔服、短裙等更能凸显个性和自由的服饰。服饰风格开始向多样化的发展方向演变，样式也不再受到束缚。其中，裙装出现了各种款式，如一步裙、迷你裙、伞裙、短裙等。此外，服装的色彩也不再局限于绿、黑、蓝、灰中，而是更加丰富、夸张，极具个性表现力（见图 1-17）。

在服装品牌发展方面，人们更加追逐名牌和高档的服装产品，认为越是国际知名、价格不菲的服饰，就越能彰显其品位和时髦感。有些人甚至完全不顾其超出消费能力范围的昂贵价格，逐渐养成了炫耀、攀比的不良心态。这些现象在当下年轻人群中较为普遍存在。

与追求"名牌效应"相对，"文化衫"兴起于 20 世纪 90 年代（见图 1-18），虽然其质地只是棉质的普通汗衫，但上面印染的各种个性图案或符号文字给予了服装全新的视觉吸引力。它使社会中更多的大众消费阶层无须通过购买高昂的名牌服饰，就能彰显自我个性。"文化衫"的选择多种多样，人们不仅可以选购不同风格的图案，而且还能将自己喜爱的图案或符号文字印在服装上。无论是卡通形象、山水风景，还是与众不同的符号文字，都可以通过自由化的想法表达来彰显与众不同的个性魅力。

图 1-17　我国 20 世纪 80 年代流行的牛仔裤　　　　图 1-18　优衣库与 LINE 品牌合作款文化衫

在服装生产方面，我国的服装生产不仅可以借助电子技术方便地进行样板分类、型号比对、成分检验等程序，而且能够使用机器代替人力，达到提高效率、节省成本和时间的作用。此外，还实现了利用全息摄影设施快速记录顾客的身材数据，通过计算机输入顾客的个人喜好、风格特征及出席场合的要求，包括面料、款式和色彩等其他细节，从而制作出最适合顾客的服装。最后，用计算机制作出顾客身着这件服装的立体形象，并显示在屏幕上，为顾客提供参考并方便修改。这种利用高科技的服装生产流程代替了传统的量体裁衣等传统手工艺，虽然能使之更有效率，使顾客对成品的满意率更高，但或多或少缺失了一种匠人精神的内在神韵。

在服装面料方面，自然纤维如棉、麻、丝、毛等作物的价格随着人均自然资源的减少而逐渐昂贵，因此，自然纤维所制成的服装将越来越贵。同时，随着科学技术的发展，合成纤维产量巨大且价廉物美的特性会成为日常服饰的首选面料，也将同时受到众多消费者的青睐。

当下服装市场上各种风格类型的服装层出不穷，流行趋势也在频繁地更新换代。这也就要求现代服饰朝向更加多元化、更加高档的国际主流时尚方向发展。对中国而言，中国服饰的款式、色彩、面料等都将向其他国家的服饰风格靠拢。其中既有受他国文化冲击的原因，又有中国想要模仿西方先进服饰观念的因素。但与此同时，中国也会形成具有自己民族特色的服饰与品牌。简而言之，未来中国服饰将会融合中西方共同的服饰文化特色，变得更加多样纷繁。

第三节　服装设计师专业素养

在服装设计新浪潮中，如何看待服装艺术、领略并感受服装本身的语言，成为当下网络新媒体时代"注意力"经济中的"眼球之战"。一方面，这要求服装设计师要具备良好的审美观；另一方面，也要求服装要兼具本身美观时尚与低调优雅的双重属性。因此，服装设计师在设计服装的过程中，既要忘掉自己的本真，又要完成在设计中所想表达的精神内涵。

一、服装设计师的分化与演变

随着科技发展与社会文明的进步，人类的艺术设计表现形式也在不断地发展。在信息化时代中，人类的文化传播方式与以前相比也有了很大的变化，严格的行业界限也正在逐渐淡化。服装设计师极具想象力的思维模式正迅速冲破意识形态的禁锢，以千姿百态的形式释放出来。新奇的、诡谲的、抽象的视觉形象，极端的色彩不断出现在令人诧异的服装形式对比中。服装艺术所彰显的设计形式也越来越多，令人目不暇接。

服装设计师在执行设计任务的时候，绝不能仅仅只从个人的审美角度出发，满足个人的审美需求，应当同时兼顾社会经济、科学技术、情感审美的多角度需要，不断地完善与创新。当然，在这些众多需要的价值理念中，也存在着一定的矛盾性与特殊性。服装设计是物质生产和文化创造的重要产物，它总是以一定的文化形态为中介，运用一定的设计理念进行设计。由于不同的社会文化会诞生不同的服装形式，因此，运用相似的服装设计构思，遵循不同的社会规范也会产生完全不同的设计风格。

当下服装行业中多种多样的设计理念层出不穷，如何在设计过程中遵循设计规范，满足众多的"需要"，这也就要求了设计师需要不断地去协调设计任务之间的矛盾与对立关系。服装设计师既要有服装艺术设计的综合素质和实力，又要有较强的创新意识、市场观念、决策能力及应变能力。

总而言之，在服装设计过程中，服装设计师要善于通过富有创造性的设计理念与思维方式来强化服装本身的艺术视觉效果。服装设计的成功与否，时常取决于设计师自身的艺术审美品位、综合文化素质以及利用和把握各种艺术造型要素的能力。

二、服装设计师的基本知识结构

作为一名服装设计师，首先要热爱艺术、时刻关注流行资讯，其次要有深厚的艺术造诣，扎实的绘画功底，最后要拥有一种艺术理想，即创造自己独有的艺术世界，拥有敢为人先的时尚设计理念。身为时尚的探险者与弄潮儿，一名优秀的服装设计师必须做到对服装情有独钟，对普通的面、辅料有一种独特的欣赏能力与感知能力。

在服装设计前期的积累阶段，服装设计师要学会借鉴大师的优点，从优秀的作品中汲取营养和设计灵感。但这绝不等同于拼凑和照搬，而是通过学习服装设计大师的优点，同时结合自身优势，进行独立思考与设计。

在服装设计的过程中，裁剪、制作工艺技术是服装设计的重要基础，也是表达设计意图的重要手段，但这并不意味着学会裁剪和制作服装就是学会服装设计了，掌握这些基础只是说明可以运用一种表达设计意图的工具而已。因此，从服装设计的整体实践过程中，绘画设计图仅仅是设计的开始。但不懂得如何实现自己的设计意图，只会"纸上谈兵"者，是无法在激烈的市场竞争中生存的。

总而言之，一名优秀的服装设计师需要具备以下基本知识结构。

（1）学习赏鉴、善于观察的本领。学会从优秀作品中汲取灵感，从生活中的点点滴滴中发掘设计理念。

（2）扎实的设计能力。能够独立思考，掌握服装设计基本要素。

（3）深厚的艺术造诣。对服装设计有较高的审美把控力，具备敏锐的时尚洞察力，并在学习中不断积累进步。

（4）丰富的市场经验。能够把控服装市场动向，深入调查研究。

（5）人格魅力。具备良好的沟通能力与团队协作能力。

（6）基本专业技能。熟练掌握服装设计所必备的设计软件，如 Photoshop、Adobe Illustrator 等。能够独力完成从创意收集、绘图设计、成衣制作的全过程。熟悉各种服装面料、辅料，能以不同方式进行组合再造设计。

思考与练习

1. 服装设计的来源、定义、特征及作用是什么？
2. 简析东西方服装设计发展历程。
3. 作为一名服装设计师，应该具备哪些专业素养？

第二章
服装设计与人体美学

从古至今，人类在历经不同年龄阶段的时候人体也在不断地发生变化，同时也要求着服装造型的不断变化。从生理学角度来看，男女人体在身体结构上有着最为明显的差异，这种差异在经过历史的沉淀与文化的熏陶后，以不同服装风格与款式造型呈现在世人面前。

在服装设计中，服装造型款式的多样性建立在人体美学基础之上。不同的人体结构与外形特征，是服装造型设计审美的关键因素。服装设计师在设计服装之时，不仅要考虑到人体的运动机能，突出其实用性与功能性，更要兼具其外在的美观性。因此，从某种意义上来说，不同的人体造型结构也直接或间接地影响着服装整体造型的美感。设计师除了要具备对服装造型的专业设计技能外，还要在设计前对人体结构有着充分的了解。

服装设计在满足实用功能的基础上应密切结合人体的形态特征，利用外形设计和内在结构的设计强调人体优美造型，扬长避短，充分体现人体美，展示服装与人体完美结合的整体魅力。

第一节　人体的基本结构与外形特征

服装是以人体为基础进行造型的，通常被人们称为"人的第二层皮肤"。人是服装设计紧紧围绕的核心，服装设计不仅要依赖人体穿着和展示才能完成，同时还受到人体结构的限制。因此，服装设计的起点应该是人，终点仍然是人。在生物学分类中，人体隶属于脊椎动物。人体的脊椎成垂直状的纵轴，身体左右两侧对称，这是人在形态构造上区别于其他动物的主要特征。

一、男性人体基本结构与外形特征

从人体工学的角度出发，服装与人体体型具有唇齿相依、鱼水不分的关系。人体的外形可分为头部、躯干，其中躯干包括颈、胸、腹、背等部位。上肢包括肩、上臂、肘、下臂、腕等部位。下肢包括胯、大腿、膝、小腿、踝等部位。

首先，从外部形态上看，男女两性最明显的差异是生殖器官，这是第一性差。第一性差以外的差异称为第二性差，我们所说的男女体型差异主要是指第二性差。

其次，从人体的整体造型上看，由于长宽比例上的差异，明显地形成了男女各自的体型特点。男性体型（见图2-1）与女性体型的差别主要体现在躯干部位，特别明显的是男女乳房造型的差别，女性胸部隆起，使外形起伏变化较大，曲线较多，而男性胸部较为平坦，曲线变化不大；从宽度来看，男性两肩连线长于两侧大转子连线，而女性的两侧大转子连线长于肩线。从长度来看，男性由于胸部体积大，显得腰部以上发达，而女性由于臀部的宽阔显得腰部以下发达。

自腰节线至臀部下部连线所形成的两个梯形中看，男性上大下小，而女性则上小下大，男性腰节线较女性腰节线略低。女性臀部的造型向后突现较大，男性则较小。女性臀部特别丰满圆润而且有下坠感，臀围可视效果感觉明显偏大，男性臀部可视效果感觉明显偏小，并且没有下坠感。

再次，男性与女性虽然全身长度的标准比例相同，但他们各自的躯干与下肢相比，女性的躯干部较长，腿部较短，而男性的腿部却较长。男性由于胸部体积大，显得腰部以上发达，最明显的是肩部宽阔、臀部"弱势"，从而形成了男性体魄的标本。这也是当代人们对男性体型审美的认可，由于受此审美思想的影响，当代服装设计师在设计男装上衣时夸大肩部造型设计就成为男装上衣设计的一般性法则，这一设计法则在男装各类上衣中基本上是通用的，当然具体设计手法可以灵活多变。

例如，可用分割线设计、加垫肩设计、色彩分割组合设计等。男装上衣主要有夹克衫、衬衫、西装上衣、中山装、两用衫、背心等，这些款式的男装都需要表现男性的气质、风度和阳刚之美，强调严谨、挺拔、简练、概括的风格。这都与男性体型给人的直觉感受有着密不可分的联想，设计师还要使用各种材料来表现出男装的美感。

图 2-2 是不同身型的男性人体。

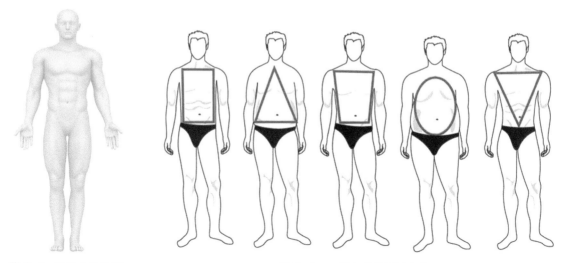

图 2-1　男性人体外形　　　　　　　　　　图 2-2　不同身型的男性人体

最后，男性体型的三围比例，即胸围、腰围、臀围，与女性体型的三围比例相比有较大的差异。男性体型的三围数值相差较小，而女性的腰围与臀围的数值相差较大。所以男性体型可用"T"形来概括，女性体型可用"X"形来概括，这样可以明显地看出男性体型本身的挺拔、简练的特征和女性体型本身的曲线、变化的优美特征的对比。简略的 T 形和 X 形在很大程度上影响了不同性别的服装外形特征的设计思维，从古到今都可以认识到这一点，尤其是西洋服装史上这一特征更为突出。实际上，以上这种视觉观念在人们的思想里已经根深蒂固，只是在设计男女不同的服装时应该去认真地研究它，以获得有规律的东西来为设计服务。例如，男式大衣类的设计多以筒型、梯形为主，而女式大衣类多以收腰手法进行设计等。

从服装史的角度来看，裤装原本是男性的专利，这与人类对男性的审美标准是有着直接关系的。当然这与不同性别的社会分工也有着根本的联系，也就是这些诸多因素的并存而产生出了现实的审美。裤装便于行动，给人以实用、动作和体力工作比较方便，所以设计师常依男性体型为参照对象，设计较为宽松的裤型，尤其是横裆和中裆部位。

从裤装的使用功能来研究，男装裤型的设计也要求与女装要有使用功能上的区别，特别是在结构设计方面的要求更是突出。如男裤的门襟设计要求既要符合穿脱方便又必须要符合男子小便方便的特殊性使用功能。所以男裤的门襟一般都是设计在前裤片左右的中央处，门襟的长短依人体功能的要求为准，一般为 18 ～ 20cm（标准裤型，不包括低腰裤）。

当然女性的裤子门襟的设计就不一定要考虑这一特殊要求了，我们看到现在有许多女裤的门襟也都是设计在裤型的前面正中央，甚至与男裤的区别几乎为零，这主要是受女装男性化设计思潮的影响产生的一种流行款式而已。但是女裤开的门襟之长度一般短于男裤，男裤要考虑小便的方便功能，而女裤则是要考虑穿着时的腰围与臀围的可穿性功能，女裤这个设计也同样有着某种实用功能和审美功能。

男性体型突出的特征是人体上体部位的"膀宽腰圆"，所以受此影响男下装设计一般不予强调腿型和展示下半部的体型特征，而受女性体型特征和审美观念的影响，女裤、女裙的设计却正好相反，设计师一般都要较多地考虑如何设计优美的女下装来充分展示出女性的曲线美。

男性体型中三围的比例关系决定了男装风衣类的基本款式造型，这类款式主要包括历史上的男性袍服，现代的长、中、短风衣（见图 2-3），长、中、短大衣等。这些款式的设计一般都受男性躯干造型固有特征的影响，多以男性躯干造型为设计参考，所以这类服装收腰设计很少，外形以筒形居多。

另外，男式礼服（见图 2-4）设计更要以男性人体的造型特征为根本，强调礼服的整体轮廓造型，符合男性体型的结构比例，严格、精致的制作工艺，使用优质服装面料以及沉着、和谐的服装色彩。

图 2-3　男式风衣

图 2-4　男士礼服

二、女性人体基本结构与外形特征

人们对于不同性别的审美有着不同的要求，如女性的体型特征与女性走路的姿势特征都与男性有着很大的差异，女模特走"猫步"是一种美、一种时尚，是具有性别要求的，这也是一种心理需求，设计师应善于利用服饰心理效应捕捉女性人体体型特征，从而设计出符合时代审美的服装。其中，欧洲中世纪之后女装的发展与中华民国初期的女装设计都极其注重女性体型的固有特征，具体表现在细腰、丰胸、夸张臀部的整体曲线造型上。

在19世纪欧洲服装史上一度出现了紧身胸衣（见图2-5），以特制的服装来装束女性，夸张女性臀部造型体型，甚至不惜伤害自己的肉体来达到这一目的。

图2-5　女士紧身胸衣

另外，无论过去还是现在，对不同性别的人设计服装在一定程度上是要受其体型特征影响的，这种影响往往是很主观的，也就是审美观的问题，是值得我们去深入研究的。特别是女式裙装的设计更是受女性人体造型审美的影响，例如欧洲新洛可可时期流行的女式裙装（见图2-6），从中可看出女性体型特征对女装设计影响的力度。

图2-6　正在穿着克利诺林的新洛可可时期女性

在女式裤装设计方面也是如此，设计师在遵循实用原则的前提下首先考虑的是如何体现女性的臀部和腰部、腿部的美感，所以女式裤装的设计多以"收腰显臀"为设计原则（见图2-7）。即便是宽松式的裤型也往往是将宽松的部分设计在臀围以下，使得裤脚管宽松，因为这并不能破坏"收腰显臀"的可视效果，如大喇叭裤和宽脚裤等。

女性体型的曲线感在女式礼服的设计方面更是受女性体型特征的影响，设计师要考虑女性人体体型本身与礼服相互融合而展示女性独特魅力的效果，如晚礼服要以胸围、腰围、臀围造型的比例特征为思考重点，力求要设计出具有曲线美、富有女人味儿的礼服。受西洋文化的影响，中国今天的婚纱礼服（见图2-8）设计同样强调"袒胸露臂""收腰显臀"甚至夸大女性臀部造型，并且对头饰"精雕细凿"配以长长的裙拖，这样的设计正是女性体型特征本身传达出的"内容"，也深深地影响到了设计师的设计审美。正是这些极美的人体带给了服装设计师无穷的想象空间和设计灵感，从而创造出了灿烂的现代服饰文明。

图2-7　女士牛仔裤装　　　　　　　　图2-8　中国婚纱品牌 LANYU

第二节　不同体型的服装设计原则

人的基本体型是由头部、躯干、上肢、下肢四大部分组成的，但是每个人的体质发育情况各不相同，在体型上就出现了高矮、胖瘦之分。还由于个人发育的进度不同、健康的状况不同等也会形成不同类型的体格。在进行服装设计时，必须要考虑人的不同体格的特点，并科学地加以修饰。

一、A型体格服装设计原则

A型体格又称为"梨型身材"（见图2-9）。A型体格的人群通常肩窄、腰细、臀宽、大腿丰满，脂肪主要沉积在臀部及大腿。上身较瘦，下身多半丰满，就像字母"A"。

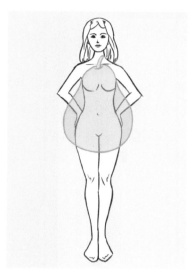
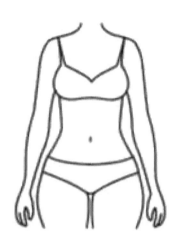

图 2-9　A 型女士体格

　　A 型体格的形成与雌激素大量分泌有关,流露出强烈的母性感。男性若是呈现这种身材,则不利于运动,且缺乏美感。在针对 A 型体格的人群进行服装设计时,应当夸张加大服装造型轮廓,修饰下半身,用以遮盖多余的脂肪和赘肉为主要设计攻破点。

　　一般来讲,由于 A 型体格的人群肩部比胯部窄,因此只需使肩膀看上去接近胯部的宽度,就可以打造成标准身材。除此之外,对肩部进行肩章等装饰设计的服装也能增强肩宽、提升肩部线条与立体视觉造型感。

　　垫肩西装、大翻领设计的服装、一字领的上衣、公主袖(见图 2-10)、宽松的 T 恤、印花图案等都可以在视觉上使肩部显宽。在针对 A 型体格的人群进行服装设计时,设计师要特别注意不仅要增加肩部宽度,而且要避免进行具有膨胀感的下装设计,应当以简洁为主要设计方向。

图 2-10　女装公主袖款式

为 A 型体格人群设计服装时可采用"色彩弱化法",即推崇"深色收敛,浅色膨胀"的设计原理。因此,设计师在设计的过程中可以利用色彩的视觉效应,通过服装色彩搭配来调整身材比例,凸显优点,掩盖不足。

例如,在设计整体套装的过程中,应尽量在上装使用浅色,下装使用深色进行色彩组合设计搭配,并与视觉平衡法相结合进行综合设计,这样所呈现出的服装作品效果会更加完善(见图 2-11、图 2-12)。如浅色的上衣款式可增加肩部的宽度,而深色的下装则可以收敛视觉比例,无论是色彩还是轮廓上,都帮助 A 型体格的人群收敛臀、胯部的视觉线条。

图 2-11 适合 A 型体格女性的拼色连衣裙

图 2-12 女士腰部拼色连衣裙

对于 A 型体格的人群而言,设计师通过肥大、宽松的长裤、长裙设计,可以有效地将其下半身进行遮挡,以达到弱化臀、胯部和腿部人体结构线条的目的。

例如,当设计师在为 A 型体格的人群设计服装时,应当尽量避免紧身设计,多选择"宽松式"的设计理念,弱化臀、胯部与腿部的轮廓,在视觉上进行遮挡设计。设计师需要注意简化下身,尤其是臀部和大腿的衣量,不能对这些部位进行强化,因此在下装设计方面,应避免在臀部附近有任何复杂的装饰设计,如强烈的对比色设计、较大的口袋设计、过于装饰性的滚边设计等。此外,紧身衣裤、针织面料、印花图案的下装设计都是不合时宜的。同时,应尽量避免选用质地柔软、贴身的面料进行下装设计。

除此之外,设计师在运用"遮挡设计原则"时,应当多为 A 型体格的人群设计 H 型、茧型的长款服装。这类服装款式会帮助 A 型体格的人群隐藏肩部、腰部、臀部的宽窄变化。设计师在设计 H 型或茧型的服装时,要对下身服装进行简化设计,以低调或增长为设计主旨,始终遵循"上宽下紧"的设计法则。

除此之外，A 型体格的人群还要学会利用抢眼的项链（见图 2-13）、围巾（见图 2-14）等饰品，把他人的注意力集中在较瘦的上半身，这样就能扬长避短，彰显优势了。

图 2-13　造型夸张的项链

图 2-14　造型夸张的围巾

二、H型体格服装设计原则

H 型体格人群的特点是"上下一样宽"，三围曲线变化不明显，多表现为胸部、腰部、臀部尺寸相近，是典型的筒型身材。但由于腰际赘肉过多，使得上半身缺乏曲线变化。这种体型通常胯窄、腿长，如田径、排球运动员等。

在为 H 型体格的人群设计服装时，应当对腰部进行收紧设计，强化肩部与臀部，以"沙漏式"女装为基准，凸显女性腰部线条，或夸张臀、胯部位线条，进行强调造型设计。在为 H 型体格的男性人群设计服装时，应当考虑到男性人体体格的倒三角身形结构，重点突出肩部线条，彰显男性阳刚、健壮的一面。

在服装色彩配比方面，应重点在腰部进行深色设计，从而使腰部线条进行收缩。如在上装的两侧进行拼色设计，可达到很好的视觉修身效果，使腰部显得更加纤细，整体线条比例更加协调。

三、O型体格服装设计原则

O 型体格又称为苹果型身材，最主要的外貌特征是腰围大于胸围和臀围，大量脂肪堆集在腰腹部，就像字母 O。

O 型身材的人下肢纤细修长，腰腹却突出浑圆，类似于中年男性的体型。在为 O 型体格的人群设计服装时，应当对腰部进行放松设计，从胸部开始进行放松，弱化腰部线条，突出腿部线条。

在服装色彩配比方面，应尽量避免运用浅色系。较浅的色系容易放大视觉效果，如腰腹部显得更加浑圆。在选择运用色彩的过程中，应多已深色系为主，配以较小比例的浅色，从而达到良好的视觉设计效果。

四、X型体格服装设计原则

X 型体格又称为沙漏型身材，这一体格人群主要以女性为主，特征为胸部丰满、腰细、臀宽、大腿纤长，是拥有曼妙腰胯线的完美身材，因此也称为 S 型身材。

在一系列跨文化研究中，不同年龄的男性都认为腰臀比为 0.7 的 X 型身材女性最有魅力，更容易获得男性青睐。就女性而言，X 型体格女性人群是较为完美的人体体格，因此，在服装设计中所呈现出来的服装作品都极具女性优雅、柔美的特质。X 型体格的代表人物有玛丽莲·梦露等。

图 2-15　身着白裙的玛丽莲·梦露

五、Y型体格服装设计原则

Y 型体格和 A 型体格正好相反，Y 型体格是肩宽、臀窄、腿细的倒三角身材。Y 型体格上身宽大，从臀部以下越来越细，就像字母"V"，又称 V 型体格、T 型体格。这种体格的男性胸部宽阔、躯干厚实，上身肌肉发达、下肢修长，走起路来颇有英雄气概，西装革履也十分潇洒。

但对于 Y 型体格的女性而言，设计师在进行服装设计时应当尽量避免对肩部进行夸张设计，最好选用插肩袖、蝙蝠袖（图 2-16）、蝴蝶袖（图 2-17）等服装款式元素，以达到弱化肩部的目的。

图 2-16　蝙蝠袖女装

图 2-17　蝴蝶袖女装

知识拓展

蝙蝠衫

蝙蝠衫是一种插肩式的女装上衣，其造型特点是袖窿肥大，并从袖窿处急剧收缩成窄袖口，其下摆像夹克衫那样紧缩于腰间。如果张开双袖，就好像蝙蝠翅膀的形状，蝙蝠衫便由此而得名。这种服装的设计思想一方面是受印第安人服装的影响，另一方面是追求自然形态的仿生设计。其面料多选用棉、麻、化纤织物，花色不限，穿用时间多在春秋季节。这种服装设计新颖、大胆，充满浪漫气息和自然美，穿着起来活动方便自如，生动潇洒，因此深受女青年的青睐。与蝙蝠衫搭配的最好是比较瘦的裤子，而裙子则不太适宜，因为蝙蝠衫很肥大，如果下身的服装也很肥大，就不能形成强烈的对比效果。近年来人们还利用各种毛线来编织蝙蝠衫形的毛衣，其效果更为别致。

（摘自卢乐山著《中国女性百科全书社会生活卷》东北大学出版社）

思考与练习

1. 简述男、女装人体基本结构与外形特征有哪些？

2. 当针对 A、H、O 型等体格人群进行服装设计时，应当遵循哪些设计原则？

第三章
服装设计基础理论

服装设计属于工艺美术范畴，是实用性和艺术性相结合的一种艺术形式。服装设计基础理论是服装设计师在设计之初所必须掌握的专业理论知识，主要涵盖了服装设计的形式美与内在美。其中，服装设计形式美的定义、原理及运用为服装设计的外在提供了科学的设计依据，而服装所蕴含的内在精神属性为服装设计的内涵注入了更多文化活力。

第一节　服装设计美学原理

服装美学隶属于美学研究范畴，它与普通美学有着同一的本质特性，既与哲学相联系和渗透，又有着自己的研究重点；既侧重于服装的审美意识、心理、标准等基础理论，又包括应用理论与发展理论。

一、服装设计的形式美

在服装设计方面，服装所呈现出的形式美感与功能机制是尤为重要的。设计师不仅要考虑到服装的整体视觉感官，同时要兼备服装的功能性与物质性，在满足着装者的基本需求之外，融入一定的形式美与功能美。从本质上讲，形式美基本原理和法则是变化与统一的协调，是对自然美加以分析、组织、利用并形态化了的反映，是一切视觉艺术都应遵循的美学法则，贯穿于绘画、雕塑、建筑等在内的众多艺术形式之中，也是自始至终贯穿于服装设计中的美学法则。

形式美法则是一种艺术法则，是事物要素组合构成的原理。服装形式美法则是指服装构成要素进行组合构成的原理，主要有比例、平衡、韵律、视错、强调等方面的内容。

（一）比例形式美

服装上的比例是指服装各个部位之间的数量比值，它涉及长短、多少、宽窄等因素。主要比例关系有上衣与下装、腰线分割、衣长和领长、领宽和肩宽、附件与服装、附件与附件等。比例是相互关系的定则，体现各事物间长度与面积、部分与部分、部分与整体间的数量比值。对于服装来讲，比例就是服装各部分尺寸之间的对比关系。例如，裙长与整体服装长度的关系、贴袋装饰的面积大小与整件服装大小的对比关系等。当对比的数值关系达到了美的统一和协调，即被称为比例美。

在服装设计中，黄金比例可简化为 3 ∶ 5 或 5 ∶ 8，这一比例常用于古典风格的晚装和优雅套装的设计中。数列比例在服装上常以 3 个或 3 个以上的多种比例形式出现，如等差比例、调和数列等。依照数列造型，不仅给渐变设计提供了数量限定，还会丰富渐变的表述。反差比例是将服装设计主要部位的比例关系极大地拉开，产生强烈的视觉反差效果（见图3-1～图3-3）。

图3-1　长款裙装设计中的　　　　图3-2　中长款裙装设计中的　　　　图3-3　短款裙装设计中的
　　　　比例形式美　　　　　　　　　　　比例形式美　　　　　　　　　　　比例形式美

（二）平衡形式美

平衡概念是指平衡中心两边的视觉趣味（色彩分配、面积形状、结构处理等），其分量是相等的、均衡的运用。平衡即对称，即轴的两边造型、面料、工艺、结构、色彩等服装的构成元素完全相同。在服装设计中使用最多的就是平衡的形式美，其形成的设计大都比较稳重，适合女性味浓郁的古典风格设计。在一个交点上，双方不同量、不同形，但相互保持均衡的状态称为平衡。其表现为对称平衡和不对称平衡两种形式。

对称平衡为相反的双方面积、大小、材料在保持相等状态下的平衡，这种平衡关系应用于服装中可表现出一种严谨、端庄、安定的风格。在一些军服、制服（见图3-4）的设计中常常加以使用。与对称平衡相反的是不对称平衡，是指轴的两边造型、面料、工艺、结构、色彩等服装的构成元素呈不完全等同状态。表现为构成元素的大小、形状、性质等的不同。如不同的裁剪结构、色彩等，易产生不同寻常的变化效果，富有动感。

在设计过程中，设计师为了打破对称式平衡的呆板与严肃，力求活泼、新奇的着装情趣，因此常常将不对称平衡的形式美更多地应用于现代服装设计中。这种平衡关系是以不失重心为原则的，追求静中有动，以获得不同凡响的艺术效果。

（三）节奏、韵律形式美

节奏、韵律原本是音乐的术语，常常指音乐中音的连续，或音与音之间的高低、间隔长短在连续奏鸣下反映出的感受。在视觉艺术中，点、线、面、体以一定的间隔、方向按规律排列，并由于连续反复的运动从而产生了韵律。

这种重复变化的形式通常分为三种，即有规律的重复、无规律的重复和等级性的重复。这三种韵律的旋律和节奏不同，在视觉感受上也各有特点。设计师在进行服装设计过程中要注意结合服装风格，巧妙地应用以取得独特的韵律美感。

（四）视错形式美

视错是指由于光的折射、物体的反射关系、人的视角不同、距离方向不同以及视觉器官感受能力的差异等原因造成视觉上的错误判断，这种现象称为视错。

例如，两根相同的直线，水平或垂直相交，在视觉感官上会错感垂直线比水平线更长。同样，如果取三个大小相同的长方形，进行分割，人的视错会认为竖线多的长方形比一条竖线的长方形长。而将视错形式美的法则运用于服装设计中，则可以弥补或修补整体缺陷。例如，利用增加服装中的竖条结构线或图案（见图3-5）来掩盖较胖的体型等。

视错形式美法则在服装设计中具有十分重要的作用，利用视错形式美规律进行综合设计，能够充分发挥服装造型的优势。

图 3-4　制服中的对称平衡形式美　　　　　　图 3-5　无袖条纹服装

（五）强调形式美

强调形式美是服装设计中不可缺少的一种形式美法则，该法则的运用可使服装更加生动且引人注目。强调因素是服装设计整体中最为醒目的部分，它虽然面积不大，但却有着"特异"视觉感官效能，具有吸引人视觉的强大优势，起到画龙点睛的重要作用。

在服装设计中，设计师可加以强调的因素多种多样，如根据不同位置方向而进行的强调，根据不同材质肌理而进行的强调，根据量感多少或大小而进行的强调等。通过强调形式美的不同表达，可使服装更具魅力。

知识拓展

点、线、面、体间的相互关系

点、线、面、体可以单独使用，也可以综合运用，但不要平均使用，而应有所侧重，或以面为主，或以线为主，或以点为主，或以体为主。当点、线、面、体综合运用时，要防止出现杂乱或堆砌的不良效果。服装是具三维立体空间的物体，服装设计狭义上主要是指服装的造型设计，就是运用形式美法则将点、线、面、体造型要素组合成形态各异的美的造型。

在造型设计中，点、线、面、体的概念都是相对而言的，有一定的模糊性和可变性。相对于造型整体而言，点、线、面、体间的形式可变性较强，整体上的某一部分可以看作是一个点，但它本身可能是一个较小的面或是几条线，抑或是一个小小的体。同样道理，小面积的体可以看作点；大点则可以看作面。因此，服装设计离不开这些造型要素，对于上述要素的特性、属性以及组合变化的方法，掌握和运用得是否熟练，是衡量一个服装设计师水平的标准之一。

（摘自徐亚平等著《服装设计基础》上海文化出版社）

二、服装设计的内在美

服装设计的内在美主要涵盖了审美价值、思想理念、时代文化背景、内容与形式的完美融合等诸多方面。其中，服装设计的美主要体现在整体结构关系的和谐与统一，包括实用价值与审美价值的双重融合，艺术与科技的跨界交叉以及感性与理性的和谐统一等。

服装设计的内在美是在兼具了服装实用功能的同时艺术性地表现生活、抒发情感、呈现文化内涵。例如，以中国为代表的东方文化经历了数千年封建王朝的洗礼与更替，封建思想、礼教观念根深蒂固，儒道互补的价值观、天人合一的美学观成为中国服饰的主要文化思潮。在这种文化思想的背景下，中国服饰造型大多以传统、平面、直线裁剪的造型方式为特色，其特点为上下平直、宽松、离体、遮盖严谨，体现出中国传统文化天人合一的世界观和雍容大气的典雅风貌。在东方服饰发展的历史长河中，其主要强调的是它宏大的精神、服饰礼仪特征及封建社会思想的教化功能。古代常以服装造型外部文化来作为精神形式之一，以达到约束人们的伦理道德的目的，并使服装的精神内涵多于它的外部形式。

相比之下，西方经历封建社会时间较短，资本主义的兴起和发展也较早。人文主义思想从文艺复兴时期就开始深入人心，个人主义的膨胀、个性的解放使服装造型从中世纪遮盖人体的禁欲主义束缚中解放出来。服饰形态朝着表现人体、追求塑造女性胸、腰、臀三围曲线发展，强调服装的外部曲线特征。例如，西方服装从文艺复兴开始就朝着人工装饰美的方向发展，直到19世纪末的服装造型都以表现人体的曲线美为主要特征。追本溯源，西洋服装从诞生之日起就充满了激进的思想与吸收外来文化的大度。西方文化源于古希腊、古罗马，崇尚人体美的服饰文化，并受到当时绘画、雕塑等造型艺术巨大的影响。

服装设计的内在美对服装本身有至关重要的作用，主要表现在以下方面。

（一）决定性

人类生存的本质力量包括自由、自觉的创造力、智慧、情感等方面，而内在精神美是人类最充分、最直接的价值体现。服装设计外在美是一种外在表征的形式美，而内在美是本质、内容方面的彰显，从根本上决定了服装与人之间的和谐感，是气韵与神采的高度表达。

（二）持久性

外在表征的形式美易于被外界发现，但同时也易于被外界遗忘，其所引起的美感是持续变动的、不确定的、易逝的，因而也是不够深刻的。而服装设计中所流露出的内在精神内涵美则能给予人内外兼备、长时间的、强烈的、深刻的心理感受。

（三）社会性

当人们穿着服装进行社会交流活动时，其美的价值始终依存于社会生活活动之中。而服装本身所具有的外在表征形式美与内在精神内涵美则带给人们由内及外的社会审美价值体现，这种极具社会性的审美行为十分有利于个人社会价值的彰显与提升。

因此，在服装设计过程中，设计师要始终注重关乎美的内在精神，达到内在美与形式美的和谐统一，才是服装设计师所要追求的终极设计目标。

第二节　服装设计形式美法则

服装设计师在进行设计的过程中，不仅要了解、熟悉各种形式要素的独特概念与基本属性，而且要善于把握不同形式要素间的形式组合。除此之外，在掌握这些审美法则的同时，还需对各种审美法则进行系统、全面的探索与研究，总结出基本审美规律，在实践中掌握审美法则的基本要领。

在服装设计中，主要运用的审美法则包括统一与变化法则、对称与平衡法则、夸张与强调法则、节奏与韵律法则、视错法则等。

一、统一与变化法则

统一与变化也称多样与统一，是对立统一规律在服装设计构成上的具体应用。在设计构成中，任何物体形态总是由点、线、面、三维虚实空间、色彩、质感等元素有机组合而成为一个完整形态的。

统一是指图案的各个组成部分之间有内在的联系，是一种达成和谐目的的效果的审美法则。在服装设计过程中，最能展现服装设计作品统一性的方法就是少一些构成要素，而多一些组合形式。其中，差异和变化时常通过相互关联、呼应、衬托等手法以达到整体关系的协调目的，从而使相互间的对立关系从属于有秩序的关系之中，形成具有统一性与秩序感的审美形式。除此之外，统一的手法还可借助均衡、调和、秩序等形式法则，以达到完美融合的目的，这不仅是服装设计中最基本的形式展现，也是体现服装设计师艺术表现力的重要因素。

变化是指图案的各个组成部分有所差异，而相异的各种要素组合在一起时形成了一种明显的对比和差异的形式感，这种形式感具有多样性和变化性的特征。由此可见，变化是在各部分之间寻找差异，而统一则是寻求它们之间的内在联系及共同特征属性。如果没有变化，则意味着单调乏味、缺少生命力；如果没有统一，则会显得杂乱无章、缺乏秩序性。变化作为一种智慧与想象的表现，其强调的种种因素不仅体现在差异性方面，而通常采用的是对比的艺术手法，造成视觉上的跳跃，同时也能强调个性。

在服装设计中，统一与变化的关系是相互对立又相互依存的统一体，二者缺一不可。变化的作用是使服装更加富有动感，摒弃呆滞的沉闷感，使服装穿着在人体上后更加具有生动活泼的吸引力。从心理学的角度来看，服装是为减轻心理压力、平衡心理状态而服务的。变化是刺激的源泉，能在乏味呆滞中重新唤起活泼新鲜的趣味，但是必须以规律作为限制，否则必然导致混乱、庞杂，从而使精神上感觉烦躁不安，陷于疲乏。因此，变化必须从统一中产生，无论是廓形、色彩、装饰手法等都要考虑这些因素。避免不同形体、不同线型、不同色彩的等量配置，要始终有一个为主，其余为辅，从而为主者体现统一性，为辅者起配合作用、体现出统一中的变化效果。在统一中求变化，在变化中求统一，这不仅适用于每一件服装产品，也同样适用于一种环境、一个车间、一个房间的布局。

统一与变化作为形式美中最基本的法则，也是服装设计形式美的总法则。人们对统一与变化的审美追求，体现在与生活息息相关的各个方面，如在造型、色彩、材料、功能等方面都有着诸多的体现。设计师通常在设计过程中通过对比和突出重点的手法，来对服装设计作品进行评判与赏鉴。因此，统一与变化这一审美法则对我们的生活具有重大的实际意义。任何一种完美的服装造型都必须具有统一性。服装的统一性和差异性是由人们通过观察而识别，当统一性存在于服装之中时，人便会对服装产生美的需求。

因此，一切物象若想成为美的缔造者，必须兼具统一与变化的双重属性。只有统一而无变化显得毫无趣味，且美感也不能持久，但过分注重统一性或变化性的表达，则会显得刻板、单调。设计师在设计服装时，时常以调和手法作为设计媒介，以达到统一的目的。在一种良好的设计中，服装上的部分与部分间及部分与整体间应具有一致性。若要素变化太多，则会破坏了一致的效果。其中，重复手法是形成统一的有效途径之一，如重复使用相同的色彩、线条等，就可以达到统一的目的特色。具体统一手法如下。

1. 内容与形式的统一

着装形式要与着装者的身份、职业、年龄、性别、身材、容貌、肤色、环境、气候、时代、民族习俗、思想、性格等方面相协调统一，要综合考量内在与外在因素。

2. 服装构成要素的统一

色彩、材料质感、造型款式要具有高度协调性一致。如男性西装一般要求造型大方简洁、注重线条自然挺拔，通常选用上装与下装相一致的面料、色彩多以稳重、低调、内敛风格为主。

3. 外轮廓与内分割线的统一

外轮廓与内分割线要统一运用流线型设计手法，若前身有省道，则后身也应有省道。

4. 局部与整体的统一

如领型、袖型、袋型、头饰、提包、鞋帽、纽扣等部件与整体造型风格相同或相似，使个性融于共性，从而达到整体统一的设计美感。

5. 装饰工艺的协调统一

一件精美的服装作品除了要有极具创意的设计感外，还要依靠精湛的工艺技术来体现。如晚礼服的工艺装饰通常要以华丽、典雅、高贵风格为导向，运用刺绣、钉珠、高级蕾丝等工艺装饰手法。

法国印象派大师莫奈曾对绘画艺术的构成有过一段精辟的论述："整体之美是一切艺术美的内在构成，细节最终必须服从于整体。"各要素要协调统一，相映成趣，给人以美感。因此，在服装设计中既要追求款式、色彩的变化多端，又要防止各因素杂乱堆积、缺乏统一性。在追求秩序美感的统一风格时，也要防止缺乏变化引起的呆板单调的感觉，在统一中求变化，在变化中求统一，并保持变化与统一的适度，才能使服装更加完美地呈现。

二、对称与平衡法则

在服装设计中，平衡一般指服装款式造型中的对称。这种平衡性设计通常具有稳定、静止的感觉，也是符合平衡概念的基本原则。平衡主要可以分为对称平衡与不对称平衡。前者是以人体中心为参考线，左右两部分完全相同。这种款式的服装，给人一种肃穆、端正、庄严的感觉，但同时会显得有些呆板。而后者是一种心理感觉上的平衡，即服装左右部分设计虽不一致，但却有平稳的视觉感。如旗袍前襟的斜线设计，这种设计手法给予人一种优雅、温柔的亲切感。此外，设计师还需注意服装上身与下身之间的平衡，切勿出现"上重下轻"或"下重上轻"的视觉效果。

从视觉角度来看，设计师在运用平衡性原则设计手法时，应当注意当一件服装左右两边的吸引力是等同效果时，人的注意力就会像钟摆一样来回摆动，最后停在两极中间的一点上。如果此均衡中心点有细节装饰，则能使眼睛满意地在此停驻，并在观者的心目中产生一种愉悦、平静的瞬间。因此，就一般服装款式来讲，服装的细节主要是指工艺、装饰、衣身结构等方面。同样的款式，有否细节设置，效果大相径庭。无论是修身型、宽松型等，都需注重细节设计，这样才能满足眼睛的视觉审美需要。

当设计师在分析视觉均衡关系时，首先必须清楚了解两个概念，即度量和分量，这两者的整体效果的好坏直接影响设计的视觉均衡感。度量是分辨大小的量，分量是分辨色、质要素的量。假设服装两边运用的是同质、同色、同形、同量的材料，它们的度量关系一定是均衡的，但若改变其中某一部分的质和色，两者在视觉上就会瞬间失去均衡感。如一件服装的两边均是红色，但若一边选用轻柔的细纱，而另一边选用厚重的呢料；抑或是选用同样的面料，一边颜色较深，另一边颜色较浅，这些情况都会打破均衡视觉美。在服装的不对称设计中，应充分运用质和色使左右之间的关系达到均衡状态。

总之，对称设计或不对称设计都可以设计出优秀的服装作品，但需要注意的是，始终要把握其中各组合要素之间均衡与协调的关系。

三、夸张与强调法则

夸张本隶属于语言学范畴，是语言学中的一种修辞手法。在服装设计中，夸张以其独特的表达方式反映着设计师与服装作品之间的交流，满足着人们的审美需求。

作为美学规律中较为重要的一种形式美法则，特别是对富有创意性的设计构思形式来说，夸张是一种必须要使用的形式美法则，其夸张的部位和程度直接反映出不同设计所具有的个性和内涵。如若缺少了适当的夸张，服装设计就失去了极具特色的艺术气质与风格特征。

对于服装设计师来说，在进行服装设计构思中如何使用夸张手法将设计作品的面貌更加符合形式美法则，是值得关注的。不同风格类型的服装有着不同程度的夸张标准，设计师要时刻把握好这些审美标准，才能设计出优秀的服装作品。

强调则是指统一原理中的中心统一，主要体现在使人的视线从一开始就始终定在被强调的部分。在服装设计的具体应用中，强调手法的运用主要体现在两个方面。

1. 体现独特风格

如在轮廓、细节、色彩、面料、分割线或工艺等方面进行强调设计，体现服装独特的风格特征，如强调东方风格的秀禾服、强调西方风格的婚纱礼服、强调田园风格的休闲服、强调高科技的现代时装等。

2. 强调重点部位

如在领、肩、胸、背、臀、腕、腿等部位进行重点强调设计。这种重点的设计，可以利用色彩的对比强调、面料材质的搭配强调、廓形线条的结构强调及配饰使用造型强调等。但要注意的是，以上诸多强调方法，并不适宜同时使用，强调的部位也不能过多，应当只选用一两个部位作为强调中心。

四、节奏与韵律法则

节奏也称为律动，是音乐中的专业术语。但在服装设计中，主要是指服装造型要素的规则性排列。一般来讲，人们的视线在跟随造型要素移动的过程中会产生一种动感与变化，即旋律感。

在服装设计方面，纽扣排列、波形褶边、烫褶、缝褶、线穗、扇贝形、刺绣花边等造型技巧的反复性或多样性出现都会表现出重复的旋律。因此，重复的单元元素越多，旋律感则越强。

五、视错法则

视错作为一种普遍的视觉现象对人们整体服装形象设计的穿衣打扮方面有着深远的影响。在服装设计方面，常见的视错形式包括分割视错、角度视错、色彩视错、对比视错等其他视错。

服装设计师在人物整体形象设计中应充分利用视错觉规律，"化错为美"，用服装塑造出更加完美的人体形象，给人美的视觉享受。对于一名设计师而言，正确且熟练地掌握各种视错形式手法，有利于提高设计师的创造水平，以此设计出更为优秀的服装作品。

第三节　服装设计构思方法

在服装的设计过程中，设计的构思与表达是服装设计工作的重中之重，更是服装设计师能力提高的必经之路。下面主要介绍三种较为常见的服装设计构思方法，分别是常规服装设计法、反常规服装设计法以及借鉴整合服装设计法。

一、常规服装设计法

常规服装设计法一般是指以成熟、扎实、稳定的技术结构为基础，运用常规服装设计方法来进行服装设计的一种方法。常规服装设计法在服装生产业界中大量存在，设计师在工作过程运用的频率也是十分之高。

常规服装设计法是服装设计中的重要组成部分。运用常规服装设计法所设计出的服装产品是以满足人的基本功能需要为主要目的的，也是为了使人们的穿衣品质得到提升，以达到物质需求与精神需求的双重满足，即通过对服装产品的不断完善与二次创造，使服装产品能更好地迎合人的需要，始终为人而服务，契合满足并解决人的各种衣着问题。

常规服装设计的考虑范围涉及人的生理需要、心理需要、精神需要、环境需要等多个方面，以大众审美准则为基点，力求迎合服装市场。

二、反常规服装设计法

反常规服装设计法即逆向思维服装设计法，是指在服装设计中进行大胆创新的一种思维方式，是在正向思维不能达到目的或不够理想时的一种尝试，它并非是一种完全的正与负的关系。

与常规服装设计相同，非常规服装设计的设计对象也同样是人们生活中的一切服装产品，包括一般成衣、高级成衣、职业装、礼服、家居服等。

常规服装设计往往是一种改良性的完善设计，而非常规服装设计的着眼点则是人与服装之间在方式层面上发生的关系，以及服装自身为实现功能目的而产生的结构上的相互联系。换句话说，非常规服装设计的着眼点是人与服装相关作用中的联系，这种联系在服装产生之时就已经被确定了，并被人们所接受。

在服装设计中，我们可以运用非常规服装设计法则思维来突破常规思维无法解决的问题。所以，凡是非正向或偏离正向思维的思维方式都可以统称为逆向思维，这是对司空见惯的似乎已成定论的事物或观点反过来思考的一种思维方式。在服装设计中，"创意"是设计作品的关键，而创造性思维往往来自逆向思维。

评价一件服装作品的关键点就在于其是否具有创意，它决定着服装设计作品的"含金量"。在设计界流传着这样一句话：只有想不到的，没有做不到的，由此可见创意的重要性。富有创意的作品，源于具有创造性思维的设计师，创造性思维是创造力的核心，是人类智慧的体现。创造性思维与一般传统思维的不同，就在于创造性思维不传统、不常规、不因循守旧、不囿于成见，能够打破传统与常规的条条框框，在别人认为不可能和没有注意到的地方有所发现、有所建树。正如法国雕塑大师罗丹所说："我们的生活中不是缺少美，而是缺少发现。"创造性思维常常表现为主动的、新颖的、超乎想象的和事半功倍等特性，而创造性思维的相当一部分来自逆向思维。

从生活装的角度出发，由于人们想象力之丰富，已经不允许服装的形式千篇一律。从服装发展史的角度来看，时装流行走向常常受到了逆向思维的影响。当装饰过剩、刺绣繁杂的衣装和沉重庞大的假发等法国贵族样式盛行时，人们开始反思，把目光向田园式的装束及朴素、机能化方向推移。当巴黎的妇女们穿惯了紧身胸衣、笨重的裙撑和浑厚的臀垫时，人们开始从造型简练、朴素、宽松中体验一种清新的境界。现代设计师也往往运用逆向思维的方法进行艺术创作，如毛衣上故意做出破洞、剪几个缺口、衣服毛茬暴露着或有意保留粗糙的缝纫针脚、露出衬布、保留着半成品的感觉、重新调整袖窿的位置、把人体的轮廓倒置、把一些完全异质的东西组合在一起，又如将极薄的纱质面料和毛毯质地的材质拼接起来，将运动型的口袋和优雅的礼服搭配在一起等，这些都是时下的摩登样式。这种服装潮流在与传统风格较量中逐渐被人们所认识和接受，充斥着大街小巷。人们从中感受到了"逆向思维"设计的魅力。

在进行服装设计的过程中，设计师应当通过以下几个方面进行逆向思维的培养。

1. 培养创新精神

逆向思维是超越常规的思维之一，主张艺术表现主观感受和激情，采取夸张、变形等生动活泼的艺术手法。它通常造型夸张，色彩大胆奔放，面料鲜明奇特。一般来说，青年人思想活跃，想象力丰富，对于一些新事物特别敏感，都有一些不同凡响的见解，逆反心理特别强烈，在设计上处于旺盛时期，在学习阶段有着探索求知的欲望。

2. 积累实战经验

一名初出茅庐的服装设计师在经历过种种服装设计大赛后，其逆向思维的能力会得到培养与提升，也就可能设计出具有耳目一新视觉感的优秀服装作品。例如像"汉帛杯"之类的服装设计大赛，若只是按照正向思维去思考，则很难达到理想效果，开拓设计思维空间，更难以具有创造性。因此，当下众多服装设计大赛要求审美性与功能性要结合，将逆向思维或创造性思维运用于实践，为社会生活服务。服装设计师应通过自己的努力、大胆的构思与尝试、注意积累灵感素材，时刻关注时尚杂志、期刊、报纸等潮流动向，观看国内外设计大师的优秀作品，积极参与服装博览会等社会实践，激发潜在的设计能力，提高眼界，拓宽创作设计思路。

3. 无须刻意追求

很多流行元素都是由偶然因素促成的。世间的任何事物都非完美无瑕的，设计师要在事物不断发展的过程中细心观察，不受常规思维的约束，拓宽设计思路，寻找最佳设计效果，只有这样逆向思维才会随之而来，新奇风格服装才会自然产生。

在服装设计中偏离正向思维，另类设计及反其道而行之的设计思路，均应概括为逆向思维设计。总之，逆向思维作为思维的一种形式，与服装设计紧紧相连，使人们用不同的思路相互启发、促进，是创造性人才必备的思维品质。在服装设计中，应充分认识逆向思维的作用，有意识地加强逆向思维能力的训练，不仅能进一步完善知识结构、开阔思路，而且能充分释放出创造精神，提升学习能力。

除此之外，服装设计中的逆向思维还具有以下几个特征。

1. 逆向思维的普遍性

逆向性思维在各种领域、各种活动中都有适用性。由于对立统一规律是普遍适用的，而对立统一的形式又是多种多样的，有一种对立统一的形式，相应地就有一种逆向思维的角度。因此，逆向思维也有无限多种形式。如性质上对立两极的转换：软与硬、高与低等；结构与位置上的互换、颠倒；上与下、左与右的角度协调等。无论哪种方式，只要从一个方面想到与之对立的另一方面，都属于逆向思维的范畴。

2. 逆向思维的批判性

逆向思维是与正向思维相对而言的。正向思维通常是指常规的、常识的、公认的或习惯的想法与做法。而逆向思维恰恰相反，是对传统、惯例、常识的反叛，是对常规的挑战。它能够克服思维定势，破除由经验和习惯造成的僵化认识模式。

3. 逆向思维的新颖性

循规蹈矩的思维和按传统方式解决问题虽然简单，但容易使思路僵化、刻板，摆脱不掉习惯的束缚，得到的往往是一些司空见惯的答案。其实，任何事物都具有多方面属性。由于设计师易于受过去经验的影响，因而通常只看到了其熟悉的一面，对另一面却视而不见。而逆向思维恰恰能克服这一障碍，往往结果会是出人意料，给人以耳目一新的感觉。

三、借鉴整合服装设计法

原始借鉴又称模仿，如虔诚地模仿（敬畏他人）、竞争地模仿（超人一等）、忧虑地模仿（与别人相同而不落伍，过时）、三位一体地模仿、直接模仿（小孩模仿大人，猴子学吸烟）、间接模仿（积累、总结、比较、记忆等）、创造性模仿（取优创新、批判地继承）等。服装借鉴整合设计法是指根据类比原理，将艺术领域的素材进行脱胎变形，从而移植于服装的一种设计方法。从古今中外的建筑、雕塑、绘画、工艺美术、音乐、舞蹈、戏剧和影视作品中，借鉴整合其丰富、独特的视觉形象，并实现其功能、材质、工艺等诸多方面的设计转化，赋予服装以艺术感染力和抒情性。如由著名服装设计大师伊夫·圣·罗兰所设计的蒙德里安连衣裙（见图3-6）、帕克拉邦纳的城堡大衣、皮尔·卡丹的翘肩时装等。

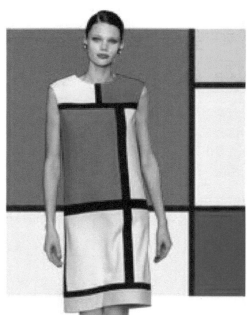

图 3-6　伊夫·圣·罗兰蒙德里安连衣裙

　　任何来自物质世界与精神世界的题材，都可以成为借鉴服装设计的主题。有些服装设计的主题是沿着民族文化、历史长河来探寻某种传统形式的，如传统的绘画和雕塑、民间风俗的工艺品、传统的刺绣、拼贴等。而来自人类精神世界的题材，如宗教信仰、民族文化差别等又导致了某些服装必须遵照严格的形式，因此借鉴设计要充分考虑不同民族之间的精神文化差异。

　　其中，东西方两大文明催生出不同的思维方式和不同的文化特征，这些不同因素均构成了各自的文化结构，从而形成了东西方服饰文化的巨大差异。如东方文化的借鉴，中国传统服饰是以政治、伦理、经济为中心的多重价值的集合体现，提倡遵礼以仪、崇圣敬天，注重精神境界的修养。在等级规范道路上演进的中国传统服饰以遮掩人体为目的，在西方人看来是具备了一种抽象神秘的概念。这种服饰文化观逐渐被日本所用，并以另一种浓郁的东方风格被带入国际时装舞台中。

　　在生活方式借鉴设计方面，更多设计的表现是把不同的想法结合到一起，甚至是设计了一种全新的"生活方式"，最终产生令人耳目一新的效果。虽然无法归类，但是现如今高度个性化的着装风格与第二次世界大战以后曾经整齐划一的着装风格形成了极大的反差。

　　事实上，服装设计就是敢为人先地创造与发明，大胆设计、大胆改造，大胆使用新工艺、新材料、新科技的全过程。服装设计的构思阶段，在某种程度上，实际上是在头脑中进行样式的选择。设计是一种创造，但不是发明，前无古人、后无来者的设计是不存在的。因此，设计就必须要借鉴前人，服装设计更是如此，因为服装的变迁过程是连续的、不间断的。每一种服装都处于人类服装文化史的变迁途中，都是承前启后的。要借鉴前人，就必须虚心地学习和研究前人的成就和经验。

就服装设计来讲，首先必须学习的是服装史，因为要想在设计中准确地把握现在的流行，就必须了解服装过去的变迁过程，掌握变迁规律。要想在设计中超越前人，就必须先学习前人的历史经验和传统技巧。不仅要学习中国服装史，而且还要学习西方的服装史，还要研究世界各地现存的民族服装。特别是对我们来讲，为了在设计上赶超世界先进国家，真正与国际接轨，不仅要了解我们自己的历史，更要花力气去了解西方服装的变迁历程（当下国际服装的流行与西方服装的变迁一脉相承）。只有这样，在吸收、借鉴、面对形形色色的国际流行时，才会有自己的见解和主张，而不是盲目地照搬和抄袭。

另外，借鉴还要注意广度，除了古今中外的服装文化外，其他领域也要尽量去涉猎与学习。因为服装是一种综合性的文化现象，涉及社会科学和自然科学的各个领域。设计师的工作内容又是复合型的，既要能把握当时当地的历史潮流和市场变化，又要对自己和竞争对手的实力了如指掌，还要有能力和实力组织生产，实现自己的设计意图，为企业带来利润。因此，设计师要有广博的修养和丰富的经历，要热爱生活，对一切事物都很感兴趣，要有强烈的好奇心。这样在设计构思时，才能广开思路，广泛借鉴。只有"站在巨人的肩膀上"，才能设计出高于前人的作品，这就是借鉴的重要性。服装设计中的创新需要考虑到人与时代、人与社会、人与人、人与自然、人与服装、服装与服装、服装与配饰等之间的统一协调关系。因此，服装设计的创新应建立在相应的继承与借鉴之上。

知识拓展

时装帝王皮尔·卡丹眼中的中国女孩

皮尔·卡丹是第一位来到中国的欧洲设计师，也是第一位在中国举办服装展示会的世界级大师。

1979年，皮尔·卡丹在中国举办了第一场服装展示会，这是中国有史以来第一个国外品牌的时装展示会。当时，中国的大街小巷，到处飘动着军绿色，来中国推销时装、举办展示会并非易事，但是，皮尔·卡丹做到了。

第二次来到中国时，皮尔·卡丹把不少他珍藏的时装精品也一并带了来。当时，中国服装联合会负责接待他。皮尔·卡丹表示，他想找个中国女孩为模特，试穿一下自己的"宝贝"。他一眼相中了办公室里一位迷人的秘书小姐，于是请她代为试穿。秘书小姐有些犹豫，因为那些时装固然漂亮，但从尺码上看似乎并不适合她的身材。皮尔·卡丹这次带来的衣服尺码确实不大，因为第一次来中国旅游时，中国女孩给皮尔·卡丹的感觉是身材普遍娇小，眼前的秘书小姐虽然个头不高，但身形却比较胖。面对从未见过的漂亮时装，秘书小姐在试与不试之间挣扎，皮尔·卡丹仿佛看穿了女孩的心思，在一旁鼓励她说，没关系，试试吧，不用担心把衣服弄坏。即使服装不合适，我也可以在一天之内把它们修改好。在卡丹不断的鼓励下，秘书小姐终于点头同意了。

当秘书小姐将外衣脱下来的时候，卡丹惊呆了。原来，女秘书的身材非但并不臃肿、肥胖，相反，她非常娇小苗条，只不过她那天一共穿了薄厚不一的八件衣服，把她性感的身材层层包裹了起来。一旦脱下这些臃肿的服装，大家就会发现，她的身材纤细而玲珑。当秘书小姐换上卡丹带来的服装走出来时，仿佛丑小鸭变成了白天鹅，所有人都被她的美丽惊呆了，就连女秘书也对自己的蜕变惊讶不已。

这一次，人们领略了时装的魅力，领略到皮尔·卡丹服装给人带来的巨大变化。毫无疑问，女秘书的试装成为卡丹最直接的广告，甚至已经深深地印在在场每个人的内心深处。此后，为了实现在中国建立工厂的愿望，皮尔·卡丹在北京地区进行了调研，还参观了一些纺织厂、丝绸加工厂。很快，皮尔·卡丹的名望和实力为他在中国开拓市场吸引来了合作伙伴，在他们的帮助下，皮尔·卡丹终于将世界流行时尚融入了中国社会。

在和中国各界人士接触的过程中，皮尔·卡丹始终感觉到，中国人不仅通情达理，而且有接受新鲜事物的强烈愿望，也非常愿意发展、扩大中国的服装进出口业务。了解到这一点，皮尔·卡丹给中国支了一招，那就是，让中国的模特走向国际舞台。

皮尔·卡丹和中国有关方面的官员一起选拔了一些身材修长高挑、颇具模特潜质的中国女孩，稍加培训，她们走起"猫步"来就已经有模有样。皮尔·卡丹又把女孩们带到巴黎，进行了更专业的模特培训。当她们走上巴黎的T台时，一张张东方面孔让全场为之惊叹。这次表演一炮打响，不仅媒体争相报道，而且整个世界都开始关注中国的模特，关注从中国走出来的时尚代言人们。

后来，皮尔·卡丹又带领这支模特队回到北京，在北京推出了时装秀。那些在北京的外国观众尤为吃惊，他们怎么也想不明白，皮尔·卡丹究竟用了什么方法，能让保守的中国人抛弃原有陈旧的衣着；而中国的年轻人也被眼前这些穿着"奇装异服"的模特惊呆了，在他们的头脑中，第一次产生了对时尚的认识和追求。

（摘自代安荣编著《顶级裁缝皮尔·卡丹》吉林出版集团有限责任公司）

思考与练习

1. 服装设计中的形式美与内在美有哪些？
2. 举例说明审美法则在服装设计中的运用。
3. 举例说明反常规服装设计法在生活中的实际运用。

第四章
服装设计风格与款式廓形

服装设计中的款式风格多种多样，不同的款式风格有着不同的风格特征，其中主要分为休闲装设计风格、职业装设计风格、礼服设计风格、童装设计风格等。基于这些不同的设计风格，设计师需要严格把控其风格特点，并进行系统性与全面性的设计。在款式廓形方面，象形式设计与拟态仿生式设计是最为常见的两种廓形设计，是服装设计师汲取灵感的重要途径。

第一节　服装设计风格的分类与特征

服装设计风格的种类繁多，每种设计风格都有着独特的个性特征，同时也有着一定的共性。关于划分服装设计风格的角度有许多，在此我们主要从款式、功能等方面进行划分与概述，如休闲装设计风格、职业装设计风格、礼服设计风格、童装设计风格等。

一、休闲装设计风格

由于现代人生活节奏的加快和工作压力的增大，人们越发希望追求一种放松、悠闲的心境。具体反映在服饰观念上，便是越来越漠视习俗，不愿受潮流的约束，而寻求一种舒适、自然的新型外包装。因此，休闲装便以不可阻挡之势侵入了正规服装的世袭领地（一些重大、正规的社交场合除外）。

休闲装，俗称便装，它是人们在无拘无束、自由自在的休闲生活中所穿着的一种服装，力求将简洁自然的风貌展示在人前。一般可以分为前卫休闲、运动休闲、浪漫休闲、古典休闲、民俗休闲和乡村休闲等。日常穿着的便装、运动装、家居装，或把正装稍加改进后都是"休闲风格的时装"。总之，凡有别于严谨、庄重风格的服装，都可称为休闲装。

一般来说，休闲服饰反映了人类生活中的多样性，可以综合地反映出一个人的文化素质、精神面貌、价值取向等内在的东西。休闲装区别于正装与运动装，自成一体，其范围同样广泛，但基础的款式如 T 恤（见图 4-1）、休闲衬衣、牛仔裤（见图 4-2）、卫衣（见图 4-3）等历来经久不衰。具体款式的大类、色调与风格亦会随服装品牌的文化与方向而略有改变，并无明显的归类。

常规休闲装风格分类可以分为东方古典风格、较为现代的"日韩风"与"欧美风"等，按应用场地的分类可分为较为正式的宴会服饰和随性的居家服饰等。休闲装的迅速崛起并备受消费者的青睐，在于它强调了对人及其生活的关心，以及参与人们改造现代生活方式，使他们在部分场合和时间里，摆脱来自工作和生活等方面的重重压力。休闲并非是另一种生活方式，而是人们对久违了的纯朴自然之风的向往。在现代生活中，服装的舒适性越来越受到广泛重视，能够体现人的自然体态及简洁，而适用于运动的便装及运动服则日益受到人们的喜爱，越来越成为现代都市生活的衣装。具体来讲，主要有以下几种休闲装风格分类。

图 4-1　T恤

图 4-2　牛仔裤

图 4-3　卫衣

1. 青春风格休闲装

青春风格休闲装通常较为新颖、造型简洁大方，但也偶尔也有不羁粗犷的风格形象，以此来塑造表达强烈的个性。

2. 典雅风格休闲装

典雅风格休闲装倡导追求绅士般的悠闲生活情趣，服饰大多轻松、高雅且富有一定的审美情趣。

3. 运动风格休闲装

将运动装作为改良休闲运动装是人类对运动和自身价值的新型服装观念，运动风格休闲装时常给人一种健康向上且充满活力的感觉。

4. 牛仔风格休闲装

牛仔装（见图4-4）是20世纪的时尚奇迹，这种美国西部的工人装如今已成为世界流行时装，这种追求"洗旧感""二手感"的设计风格，也已成为休闲装中的主力之一。

图 4-4　牛仔装服饰搭配

5. 针织休闲装

针织休闲装现已愈来愈成为人们日常生活中不可或缺的便装，无论是机器针织还是手工针织，针织工艺的特征决定了其休闲的性质。

6. 前卫风格休闲装

前卫风格休闲装通常运用新型质地的面料，风格多偏向未来型。比如用闪光面料制作的太空衫，是对未来穿着的想象。

7. 运动休闲装

运动休闲装具有明显的功能作用，以便人们在休闲运动中能够舒展自如，它以良好的自由度、功能性和运动感赢得了大众的青睐。如全棉 T 恤、涤棉套衫以及运动鞋等。

8. 浪漫休闲装

浪漫休闲装以柔和圆顺的线条，变化丰富的浅淡色调，宽松的形象，营造出一种浪漫的氛围和休闲的格调。

9. 古典风格休闲装

古典风格休闲装造型简洁，典雅端庄，强调面料的质地和精良的剪裁，显示出一种古典的审美情趣。

10. 民俗休闲装

民俗休闲装巧妙地运用民俗图案和蜡染、扎染、泼染等工艺，有很浓郁的民俗风味。

11. 乡村休闲装

乡村休闲装讲究自然、自由、自在的风格，服装造型随意、舒适。一般选用手感粗犷而自然的材料，如麻、棉、皮革等制作服装，是人们返璞归真、崇尚自然的真情流露。

12. 商务风格休闲装

商务休闲装既可摆脱平日压抑与呆板的职业装，又可以用于商业会谈与工作的需要，一般配合为条纹的 POLO 衫（见图 4-5）、休闲款西裤、休闲皮鞋。

图 4-5　商务男士 POLO 衫

13. 家居休闲装

家居休闲装是在原本的休闲装中加入了家居服的元素，更加自然、舒适，面料也以舒适的纯棉为主，体现活泼、阳光的自然之美。

知识拓展

牛仔裤的今昔

世界上第一条牛仔裤是列维·斯特劳斯在1853年用篷车上褐色帆布缝制而成的。它的问世马上得到了人们，特别是矿工人们的欢迎，人们亲切地称它为"列为裤"。

当时，牛仔裤的布料是由法国运来的，耐用但易缩水褪色。随后，列维在裤子袋口上钉上两个铆钉以加固，后袋有红旗，裤腰为前扣钮，成了标准牛仔裤的式样。人们把这种风靡全球的产品所引起的效应称为一场"靛蓝革命"。

从20世纪60年代开始流行磨破的牛仔裤，随后又逐渐消失，进入90年代，这一趋势又卷土重来，而且又增添了不少浪漫的色彩。有些牛仔裤是制作者人为磨破的，而有些则是蒙大拿牛仔穿旧穿破后收购上来的；某处是骑马摔破的，某口是牛角顶的。穿上了这样的牛仔裤，就如同穿上一页美国牛仔裤的辛酸史，人们把这种裤子才称为真正的牛仔裤。

（摘自唐前编著《美的世界》四川人民出版社）

二、职业装设计风格

现如今，时代在飞速向前发展，良好的企业形象能为企业加分不少，企业形象也被越来越多的人所重视。许多公司都要求员工上班必须身着职业装（如图4-6）。与日常服（自由服）不同，职业装是根据一定的目的，有特定的形态、着装要求，加上必要装饰、具备机能性特色，又有必要的材质、色彩、附属品等，既有区别又统一的服装。

图4-6 现代职业装

设计职业装时应考虑职业活动方便，充分研究、考察从业人员的各种动作并能适应职业活动，还要考虑到外观上的美观。职业装的设计总体上要符合安全、适用、美观、经济的基本原则，可概括为针对性、经济性、审美性这三个方面。

（一）职业装设计风格概述

在发达国家，职业装发展迅猛，其面貌已逐渐呈现出从大服装体系中分离出来而成为一个相对独立的"Uniform"服装分系统。并且，职业装系统越来越表现出其自身的独特性、规律性等，以及有别于其他服装大类的研究、开发、设计、生产、销售、使用等方面的服装价值体系和理论研究体系。目前世界上已经有专门的研究机构、院校系科、博览会（如德国科隆）、设计中心（如日本 NUC "日本制服中心"）、所、室和专门店、专门公司等从事职业装的设计、研究、开发等。

在美国及英语国家，Uniform 一词是可以解释为职业装的。Uni，是一种、统一的意思，Form 是形的意思，Uniform 的意思就是"一致的形"并演绎为统一的服装和制服。作为定义，职业装在被细分化的现代社会中，有政府机关、学校、公司等团体，有学生、空姐、领航员、引水员、警官、医生护士、店员等职别。或者为了区别于不属于这些团体的，具有特别外观的服装或者为了表示各自的身份，能够给我们"这件"或"这些"制服即某个职业的感觉，并以此来界定是否属于职业装的范围。

在中国，现代职业装的出现和被使用的时间并不算太久。从近代开始，外来的思想和物质在很大程度上改变了中国人的着装观念和方式，如从事什么类型的工作就应该穿着与之相符合的职业装，这就是现代职业装的基本理念。但这不能说明中国没有"职业装"的历史和观念，如中国古代的军队服装和各朝代的官服就是标准的"职业装"。

（二）职业装设计风格要素概述

相较于生活装，职业装具有较强的实用性。从服装的精神角度来看，职业装必须有利于树立和加强从业人员的职业道德规范，培养敬业爱岗的精神。一旦穿上职业装，就要全身心地投入到工作之中，使每位员工都尽心尽责，增强工作责任心和集体荣誉感。不同的工作环境下需要不同功能的职业装，因此，设计师在设计制作时应有诸多具体功能性的要求和制约。在职业装面料的选择方面，为了满足产业工作的性质，要综合考虑材料的理论性能、生物性能、质感、加工性能等。

职业装款式设计应以工作特征为依据，应以结构合理，色彩适宜的设计理念为主。任何过于时髦、花哨的款式都必须纳入特定的工作环境制约之中。在制作加工方面，应当裁剪准确，缝纫牢固，规格号型齐全，整烫定型平整，包装精致良好。经济、耐用是体现职业装实用性的重要特点之一。从某种意义上来讲，设计师在设计职业装时，需要以商业的角度去思考设计，甚至必须对其成本核算斤斤计较，其中价廉物美是大部分职业装的特点之一。无论是一粒纽扣、一根缎带、一个徽章企标等，都需要设计师进行全方位的缜密设计。从客户方来讲，定制职业装的费用是要事先预算的，而从设计制作方来讲，也不可能像过季的时装那样大幅打折，必须保证其基本的下限利润。因此，在保证质量要求的前提下，应尽可能地价格合理，一衣多穿，减少使用企业与服装企业本身的负担与成本。

从艺术性的角度来看，职业装设计的艺术性也存在着众多感性因素，不仅是构成服装艺术美的造型，更是色彩、面料、工艺、流行等方面的综合考虑，职业装设计师需要通盘考察，研究职业着装的对象、场合、目的、职业性、心理、生理等方面的需求，从而提出最佳的职业装设计方案。职业装除了具有美化个人形象，表现着装者的个性与气质的功能外，其艺术性还在于传达行业及企业的形象。职业装与工作环境、服务质量一起构成了行业的整体艺术形象。优雅的工作场所、时尚得体的职业装，再加上标准规范的亲切服务，是服务行业完美统一的标准艺术形象。这种具有整体美的艺术效果对提高行业的知名度，促进销售、增强企业的凝聚力都起到了十分关键的作用。

因此，职业装设计的艺术性对于个人与行业形象都是同等重要的。在人们的日常生活中，除去睡眠时间，余下的时间中有二分之一或者更多的时间都是在工作中度过，并且在各种人际交往工作中，人们第一时间所接触到的就是职业装，如会议、谈判、接待等社交场合，其艺术性正是借用这些形式美因素而展现出来的。

（三）职业装的标志性特点

职业装的标识性特点主要突显在两个方面：一是社会角色与特定身份的标志；二是不同行业、不同岗位之间的区别。前者如象征和平的绿色邮递员装、硕士的学位服、法官律师的法庭着装及各式军装等。在现今酒店制服中标志性最强的服饰应首推18世纪法国安托万所发明创造的"高筒白帽"，这是国际上公认的厨师职业服标志。后者如航空制服与铁路运输行业制服之间的差别，航空制服中地勤与机组人员的不同，商场的楼面经理与导购小姐的服装极易让顾客明了各自的身份。在繁忙的超市、餐厅顾客可以根据服务员的特定装饰轻易地寻求帮助，交通公路上的交警（见图4-7）、急修人员的反光背心、低龄学生校服上的反光条纹等都增加了标识的易识别性和安全性。

图4-7 交警制服背心

由此可见，职业装可归纳出的标识性作用为树立行业、角色的特定形象，便于企业理念和精神；利于公众监督和内部管理，并能提高企业的竞争力。职业装的标识性具有服装精神性方面的重要性质，从中既可以区别着装者的社会经济地位差、工作环境差、文化素质差和性别差等方面。

（四）职业装的色彩设计

在职业装色彩设计运用方面，一般来说，中性色是职业装的基本色调，如白（漂白、乳白等）、黑、米色、灰色、藏蓝、驼色等。春季可用较深的中性色，夏季可用较浅的中性色。

首先，根据不同场合、不同时间，选择不同色彩与之相配，这样就能迅速判断所选职业装是否符合需要，是否与自己衣柜里其他职业装的色彩相协调。

其次，应确定自己的最基本选择。据统计，裙装是最受职业女性青睐的职业装之一。每位白领职业女性几乎都有多套职业裙装，用以应付各种场合的需要。

最后，应根据个人的生活习惯，适当调整，这样就会避免漫无目的地选购造成经济损失。此外，服装面料的色彩与图案应与办公环境相协调，最好是以中性色为主，图案以单色、不明显的同类色图案或稍明显的方格图案效果为最好。

（五）职业装的分类

职业装从行业的角度可分为办公室人员的服装、服务人员的服装和车间作业人员的服装。

从产品的角度来看，职业装可以分为西装、时装、夹克、中（西）式服装、制服和特种服装等。

西装、时装一般适宜于办公室人员使用，有时服务人员也可以使用。夹克一般可以用于车间作业或室外服务人员。中（西）式服装一般适宜有文化氛围的室内服务场所。制服一般为保安等人员穿着，对制服的款式要求非常严谨，需要引起注意。特种服装是工作时有特殊要求的场合使用，比如防静电、防火，防油污等。

职业制服是某一种行为体现自己的行业特点，并有别于其他行业而特别设计的着装。它具有很明显的功能体现与形象体现双重含义。这种职业装不仅具有识别的象征意义，还规范了人的行为并使之趋向于文明化、秩序化。具体来讲，职业装可分为以下几种。

1. 商场营业类职业装

主要适用于各种商场、超市、专卖、连锁、营业厅、促销服等，款式一般大方得体，色彩要求较为敏感。面料多以各种涤棉类、仿毛类、化纤类为主，如卡丹皇、制服呢、金爽呢、新丰呢、形象呢、仿毛贡丝锦等。

2. 宾馆酒店类职业装

主要适用于各类档次的宾馆酒店、餐厅、酒吧、咖啡厅等，款式色彩大多体现酒店文化内涵、精神风貌等。因此对此类职业装的款式、色彩要求较高，品种也较为繁杂。主要适用的面料除了同商场的类别以外，其他常用料多以织锦缎、仿真织等为主。

3. 医疗卫生类职业装

主要适用于各医疗单位及少量美容院、保健机构等，款式色彩较为单一，常用面料为涤线平、涤卡、全棉纱卡等。

4. 行政事业类职业装

主要适用于各执法、行政服务部门，如公安、工商、税务、环保、国土、城管、渔政、水政、海关、公路、卫生、劳动等。适用面料通常以同一选定的专用面料为主。

5. 职业工装

职业工装是工业化生产的必然产物。随着经济的发展、科学的进步及工作环境的改善不断改进，职业工装逐渐演变成为一种以满足人体工学机能、护身功能为目的而进行外形与结构设计的服装。主要体现在保护生命安全及卫生作业等方面，是一种具有较强功能性的服装。

6. 劳动防护类职业装

主要适用于各类工矿企业及其他行业的维修、管护岗位。此类服装一般要求具有一定的耐用度、款式宽松且适于活动。常用面料有各种规格的纱卡、帆布、线绢、线平、工装呢及少量纯化纤，如卡丹皇等。

7. 特种防护类职业装

主要适用于一些特殊防护职业，常见的服装类别有防静电服、防辐射服、防酸碱服、阻燃服、防菌服、医用隔离服等，面料通常为专用面料。

8. 团队类职业装

团队类职业装是社会经济发展的必然产物，也是一种新兴的职业类别。此类职业装有着共同的特色，即前卫新潮、具有创造力，与企业之间有着密不可分的关系。因此在着装方面，更加注重线条流畅、优美，造型简约、修身的款式，以此来展现团队成员睿智勇敢、聪明成熟的特质与良好的文化内涵修养。

如男性可选择简洁、干练、具有一定流行元素的西装，并搭配一款纯净、亮丽的衬衫领带。女性则可以选择优雅、简约的裙套装或裤套装。同时，在领型的选择方面也要加入流行元素体现时代精神，更体现时尚化。

9. 金融类职业装

金融业是传统与新兴职业的典型代表，它聚集着财富，吸引着众多消费者投资参与并引导着市场的发展方向，是国家金融事业的重要组成机构。金融行业的从业人群一般都有着严谨、认真、一丝不苟的工作态度，由于工作的特殊需要，他们需长时间坐在办公室或柜台前，而他们的着装风格则直接代表公司的外在形象与内在素质修养。金融类职业装款式多以庄重、典雅、大方的风格为主，注重线条流畅、合体、舒适宽松，以便于在办公室工作能够自由活动。在色调选择上，多以藏蓝色、灰黑色等低调沉稳、大方得体的色彩为主。

男性着装多以传统经典的三粒扣西服套装为主，领带、衬衣则可突破界限，融入些许时尚元素，这样会显得既内敛、经典又朝气蓬勃，体现行业的主导风范。女性着装则以庄重、大方、简约、沉稳为主要风格，通过一些具有时尚流行元素的配饰来彰显时尚风格。

10. 教育类职业装

教师作为一类光荣、伟大，诲人不倦的职业，一直促进着社会的和谐、稳定的发展。一方面，有利于社会主义精神文明建设风向；另一方面，也引导着当代年轻人的思想发展方向。教育类行业属于知识密集型行业，因此需要大量的高级知识分子，而体现在着装方面就要充分体现其工作的特点。

干练、简洁的款式风格是教育类职业装的首选，如黑白色系的裙套装、西服套装等，或是充满亲和力的针织衫与衬衣款式，针织衫柔软的面料质地搭配衬衣硬挺的质感，既体现了教师对学生和蔼可亲的关心与爱护，又体现了教师对学生诲人不倦的严厉，是体现教育类职业装风格的最佳选择。

三、礼服设计风格

礼服是指在庄重的场合、举行仪式时按规定所穿着的服装。其中，女士礼服是以裙装为基本款式特征，具有多种分类。西方传统的礼服包括晨礼服（见图4-8）、小礼服（晚餐礼服或便礼服）和大礼服（燕尾服）等。

图4-8 晨礼服

晚礼服产生于西方社交活动中，是在晚间正式聚会、仪式、典礼上穿着的礼仪服装。女士晚礼服裙长至脚背（见图4-9），面料追求飘逸、垂感，颜色以黑色最为隆重。西式长礼服袒胸露背，风格各异，呈现女性风韵。中式晚礼服高贵典雅，塑造特有的东方风韵，还有中西合璧的时尚新款。与晚礼服搭配的服饰适宜选择典雅、华贵的造型，凸显女性特点。

小礼服（见图4-10）是在晚间或日间的鸡尾酒会、正式聚会、仪式、典礼上穿着的礼仪服装。裙长在膝盖上下5cm，适宜年轻女性穿着，与小礼服搭配的服饰适宜选择简洁、流畅的款式，着重呼应服装所表现的风格。裙套装礼服是职业女性在职业场合出席庆典、仪式时穿着的礼仪服装。裙套装礼服显现的是优雅、端庄、干练的职业女性风采。丝绸或丝质感的面料可加刺绣、花边等，应避免选择过于发光的面料。与短裙套装礼服搭配的服饰体现的是含蓄庄重的风格，珍珠饰品为首选，随手的包饰力求小而精致，鞋和包均可不必过于华丽，以缎料、平绒、丝绒等质地为主。

图 4-9　女士晚礼服

图 4-10　女士小礼服

准礼服款式以款式别致的连身裙、外套两件套装为主（见图4-11），裙长至膝盖即可。从丝绸质感至编织类质地均可应用，颜色以轻柔色系为佳。款式为正下午装和正晚装之间的款式，裙长从及膝至长裙不等。饰品、小包、鞋均应有光泽感，以突出华丽高贵之美。

正礼服（见图4-12）款式以大开领、露肩、无袖为基本原则，裙长应坠地，面料以绸缎、塔夫绸等闪光织物为主，搭配钻石等金属饰品、有光泽的华丽小包、肘关节以上的手套等。其中，鞋履的选择应与礼服为同一质地，这样正式感为最高。

不同场合的礼服可分为：婚宴现场、会务宴席、节目表演等。

不同风格的礼服可分为：另类礼服、简洁礼服、复古礼服、宫廷礼服、性感礼服等。

不同样式的礼服分类为：抹胸礼服、吊带礼服、含披肩礼服、露背礼服（见图4-13）、拖尾礼服（见图4-14）、短款礼服、鱼尾礼服（见图4-15）。

图4-11　女士准礼服

图4-12　女士正礼服

图4-13　露背礼服

图4-14　拖尾礼服

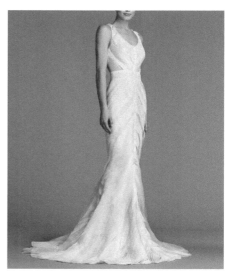
图4-15　鱼尾礼服

　　不同色彩的礼服分类为：白色礼服、橙色礼服（见图4-16）、黑色礼服、红色礼服（见图4-17）、黄色礼服（见图4-18）、灰色礼服（见图4-19）、金色礼服（见图4-20）、蓝色礼服（见图4-21）、绿色礼服（见图4-22）、香槟色礼服、银色礼服、紫色礼服（见图4-23）、粉色礼服（见图4-24）、咖啡色礼服等。

　　不同着装的礼服可分为：新娘礼服（见图4-25）、伴娘礼服、妈妈礼服等。

| 图 4-16　橙色礼服 | 图 4-17　红色礼服 | 图 4-18　黄色礼服 |

| 图 4-19　灰色礼服 | 图 4-20　金色礼服 | 图 4-21　蓝色礼服 |

| 图 4-22　绿色礼服 | 图 4-23　紫色礼服 | 图 4-24　粉色礼服 |

图 4-25　新娘礼服

　　此外，根据穿着的时间不同，礼服可分为两大类：日装礼服和正式礼服。日装礼服和正式礼服所选择的面料是不可以相互代替的。

（一）日装礼服

　　日装礼服是午后正式访问宾客时所穿着的礼服，又称午后正装。它还可以在听音乐会、观看戏剧、茶会和朋友聚会的场合中使用，稍加修饰也能参加朋友的婚礼和庆典仪式等，具有高雅、沉着、稳重的风格特点。传统的日装礼服选择不透明、无强烈放光的毛料、丝绸、呢绒、化纤以及混纺棉料制作。

与午间礼服相配的外套称为午后外套，面料选用较厚的绸缎或上好的精纺毛呢料。日装礼服根据场合的不同，可有与之相适应的搭配方式，如男士用的黑色外套，女士穿着的局部加有刺绣装饰，精工制作的裙套装、裤套装、连衣裙，雅致考究的两件套装等。

传统的日礼服多用素色，以黑色最为正规，特别是出席高规格的商务洽谈、正式庆典等隆重的场合、黑色最能表现庄重、自尊、大方。当然，出席庆典活动的时候，如朋友生日聚会、开业典礼等，气氛热烈而欢快，此时的礼服色彩应鲜亮而明快。

（二）正式礼服

正式礼服又称晚礼服、晚装、夜礼服，一般是指下午六时以后出席正式晚宴、观看戏剧、听音乐会以及参加大型舞会、晚间婚礼时所穿用的正式礼服，也是女士礼服档次中最高、最具特色、最能展示女性魅力的礼服。晚礼服以夜晚的交际为目的，为迎合豪华而热烈的气氛，选材总是采用丝绒、锦缎、绉纱、塔夫绸、欧根纱、蕾丝等闪光、飘逸、高贵、华丽的面料。

在色彩方面，一般是以高雅、豪华的色彩风格为主，如印度红、酒红、宝石绿、玫瑰紫、黑、白等色最为常用，配合金银及丰富的闪光色更能加强豪华、高贵的美感。再配以相应的花纹以及各种珍珠、光片、刺绣、镶嵌宝石、人工钻石等装饰，充分体现晚礼服的雍容与奢华，是女士礼服中最高档次、最具特色、充分展示个性的礼服样式，常与披肩、外套、斗篷之类的衣服相配，与华美的装饰手套等共同构成整体装束效果。

传统晚礼服款式强调女性窈窕的腰肢，夸张的臀部以及裙子的重量感，肩、胸、臂的充分展露为华丽的首饰留下表现空间。如低领口设计，以装饰感强的设计来突出高贵优雅，有重点地采用镶嵌，刺绣，领部细褶，华丽花边、蝴蝶结、玫瑰花等，给人以古典、正统的服饰印象。

传统晚礼服面料以夜晚交际为目的，为迎合夜晚奢华、热烈的气氛，选材多是丝光面料、闪光缎等一些华丽、高贵的材料。其中，身材娇小玲珑者适合中高腰、纱面、腰部打褶的礼服，以修饰身材比例。应尽量避免下身裙摆过于蓬松，肩袖设计也应避免过于夸张。上身可以多些变化，腰线建议用 V 字微低腰设计，以增加修长感。身材修长者是天生的衣架子，任何款式的礼服皆可尝试，尤其以包身下摆呈鱼尾状的婚纱更能展现身姿。而身材丰腴者适合直线条的裁剪，穿起来较苗条。花边花朵宜选用较薄的平面蕾丝，不可选择高领款式，在腰部、裙摆的设计上应尽量避免繁复。

在饰品方面，可选择珍珠（见图 4-26）、蓝宝石、祖母绿宝石（见图 4-27）、钻石等高品质的配饰，也可选择人造宝石。鞋子多配高跟细带的凉鞋或修饰性强、与礼服相宜的高跟鞋，如果脚趾外露，就要与面部、手部的化妆同步加以修饰。箱包精巧雅致，多选用漆皮、软革、丝绒、金银丝混纺材料，用镶嵌、绣、编等工艺结合制作而成，华丽、浪漫、精巧、雅观是晚礼服用包的共同特点。

图 4-26　珍珠饰品

图 4-27　祖母绿宝石饰品

随着科学技术的不断进步，晚礼服所选用的面料品种更加广泛，如具有悬垂性能较好的棉丝混纺、丝毛混纺面料、化纤绸缎、锦纶、新型的雪纺、乔其纱及有绉褶、有弹力的莱卡面料等，此外还有高纯度的精纺面料，如羊绒、马海毛等。

（三）鸡尾酒会礼服

鸡尾酒会礼服是下午 3 时至 6 时朋友之间交往的非正式酒会中所穿着的礼服。在这种酒会上，主人以鸡尾酒或其他饮料来招待客人，席上适当备以点心。鸡尾酒会不提供很多座位，客人手执酒杯自由走动，一般都是站着饮食和交谈。因此，女性的礼服款式风格大都较为短小干练。所用的面料比较宽泛，只要是垂悬性能较好的、精致美观的。华丽大方的都适用，如天然的真丝绸、锦缎、塔夫绸及各种合成纤维、混纺、精纺面料等，一些新型的面料也广泛用于此类礼服。

（四）婚纱礼服

婚纱礼服是西方女性宠爱的婚礼服形式，白色是新娘的专用色，这种由里到外全身洁白无瑕的装扮象征着婚姻的纯洁与神圣。

婚纱礼服的面料多选择细腻精致的绸缎、轻薄透明的绉纱、绢、蕾丝，或采用有支撑力、易于造型的化纤缎、塔夫绸、织锦缎等。工艺装饰采用刺绣、抽纱、雕绣镂空、拼贴、镶嵌等手法，使婚纱生产层次及雕塑效果更好。

中国从很早就有了西式婚纱礼服的概念，但新中国刚成立之时经济不甚理想，因此许多大众阶层的消费者是无法负担的。然而，伴随着改革开放，社会经济的增长，消费者对婚纱礼服的接受度与应用范围也越来越广泛，因此，国内的婚纱礼服行业市场也逐渐应运而生且蒸蒸日上。

四、童装设计风格

（一）概述

儿童服装简称童装，主要是指适合儿童穿着的一种服装。按照年龄段可分为婴儿服装、幼儿服装、小童服装、中童服装、大童服装等；按照童装款式类型可分为连体服、外套、裤子、卫衣、套装、T恤等。

由于儿童在生长过程中其体型、生理、心理等方面会随着年龄而发生不同的变化。因此，对应各个时期的童装种类和特点也会有所不同。根据这些特点，童装设计师更应该针对这些特色，设计出具有健康面料性能的服装，以保证其健康成长。

在面料选择方面，童装面料的要求比成人服装高出许多。童装设计师既要保证童装基本的形式美，又要选择儿童穿着舒服、安全的面料，关键对于童装质量严格把控，不能损害儿童健康。

（二）童装的分类

从消费者的角度来讲，他们在为孩子选择服装时，首先关注的是孩子的身体特征与年龄特征，如不同年龄阶段的孩子有着不同的选用服装标准。而在儿童服装业中，也已划分出不同类型的服装。其主要类型如下。

1. 婴儿装

婴儿装（见图4-28、图4-29）是指36个月以下的婴儿所穿着的服装。这时的婴儿皮肤细嫩、头大体圆。其款式应是简洁宽松，易脱易穿；面料应以吸水性强、透气性好的天然纤维为宜，如柔软的棉布、毛线等；色彩多以浅色、暖色或淡粉、淡蓝色为主，可适当有一些绣花图案。杜绝选择硬质面料或硬质纽扣的婴儿装进行设计。

图4-28 婴儿装（一）

图4-29 婴儿装（二）

2. 幼儿装

幼儿装是指2～5岁的幼儿所穿着的服装（见图4-30）。这时的幼儿活泼好动、憨态可掬，款式应宽松活泼，局部可用动物、文字、花草、人物的刺绣图案，最好同时还配有滚边、镶嵌、抽褶工艺。色彩以鲜艳的、耐脏的色调为宜，面料多用耐磨耐穿、易于洗涤的全棉质纺织品，外套也可以选用柔软、易洗的化纤面料。

图4-30　ZARA品牌幼儿装

3. 儿童装

儿童装是指6～11岁的儿童所穿着的服装。此时的儿童生长迅速、手脚增长、调皮好动、有自我主张。款式应以宽松为主，男女有别，并可做一些松紧设计。

色彩可以同时采用对比变化大的色调，面料可选范围增大，天然和化纤的均可。儿童装的风格变化多，要根据孩子的个性来选择。儿童装可进一步分为小童装、中童装、大童装三类（见图4-31）。

4. 少年装

少年装是指12～16岁的少年所穿着的服装。这时的少年身体发育变化很大，性别特征明显。他们往往有自己的审美爱好，特别喜欢新奇的服装，常常别出心裁，款式要求介于儿童装和青年装之间。校服是他们最普通的服装，不求奢华但在搭配上要有风格，色彩鲜艳而淡雅，局部的小装饰要不断翻新，面料更多的是化纤材料。这个时期的少年长得很快，需要不断更新服装，所以无须选择价格太高的服装。

图 4-31　英国品牌 Preen 的童装系列

5. 运动童装

运动童装主要包括男、女童长袖与短袖套头运动衫、圆领衫、运动夹克衫、短裤、背心、泳装等。运动服可作体育课及各种体育运动的专用服装（见图 4-32），以纯棉起绒针织布、毛巾布、尼龙布、纯棉及混纺针织布制作。

图 4-32　安踏品牌运动童装

6. 休闲童装

休闲童装包括适合休闲游玩的爬山装、牛仔装、海滩装、水手装等模仿大人的各类服装，具有闲适、轻松的风格。面料多为全棉卡其、斜纹布、劳动布（蓝丁尼布）、印花棉布、化纤布。休闲风格童装是童装设计与开发的重要领域（见图 4-33）。

图 4-33 ZARA（飒拉）品牌休闲童装

7. 儿童礼服

儿童礼服是指在生日宴会、庆典活动、演出、聚会和随父母或其他家人做客等喜庆气氛场合所穿着的服装。随着人们生活水平的不断提高，诸如生日服装、礼品服装等盛装日益普遍。

这类外观华美的正统儿童礼服，增添了庄重和喜庆的气氛，有利于培养儿童的文明、礼仪意识。图 4-34 是迪奥品牌童装礼服系列。

在现代社会中，儿童盛装已越来越受到家长们的重视。女童春、夏季盛装的基本形式是连衣裙，面料宜用丝绒、平绒、纱类织物、化纤仿真丝绸、蕾丝布、花边绣花布等。男童盛装类似男子成人盛装，即采用硬挺的衬衣与外套相配合。外套为半正式礼服性的双排扣枪驳领西装，下装是西装长裤或西装短裤。面料多为薄型斜纹呢、法兰绒、苏格兰呢、平绒等，夏季则用高品质的棉布或亚麻布。

图 4-34 迪奥品牌童装礼服系列

8. 童装饰品

儿童服装除了内衣和外衣等各式服装外，还有许多服饰用品，这些服饰品包括帽子、提包、鞋袜和装饰品等。儿童的服饰品与成年女士纯粹作装饰用的服饰品不同，儿童服饰品以实用性和趣味性为主，主张符合儿童心理，不能成年化，忌用金、银或珠光宝气的成年人装饰品。实用的儿童服饰品有帽子、围巾、领巾、手帕、腰带、吊带、书包、提包、手套、短袜、长袜、连裤袜、鞋子、雨具等。装饰性用品有项链、胸饰、手镯、人造花、蝴蝶结头饰、动物及小提包等。

儿童服饰品的佩戴与选用应配合衣服的款式与色彩，一般可分为轻松趣味式和优雅式两种。休闲服可使用轻松趣味式的装饰，而生日服需配以优雅式的人造花、小提包等装饰。儿童服装饰品不宜过多、过大、过于奢华，应体现儿童活泼可爱的特点。图 4-35、图 4-36 分别为 ZARA（飒拉）品牌童装草帽和太阳镜。

图 4-35　ZARA（飒拉）品牌童装草帽　　　　图 4-36　ZARA（飒拉）品牌童装太阳镜

（三）童装设计的原则

童装设计师在选择童装面料时，还应当遵循以下原则。

1. 确保面料保护皮肤

外界污染源多种多样，如粉尘、飞沫、煤烟等，这些有害物质一旦入侵儿童的皮肤会对儿童身体产生不良影响，因此设计师在选择童装面料时，应当选择易于清洗的面料。另外，儿童自身也会产生一些附在皮肤上形成的污垢，如汗液、分泌的皮脂、脱落的表皮细胞等。因此，儿童的内衣需具备能吸着这些污物的性能并承受常洗的耐用性。若长时间穿着带有污垢的内衣或服装，容易促使细菌繁殖，诱发皮肤病。

此外，由于儿童日常活动较多，出汗量大会使服装的吸水性能下降，从而导致产生不舒适的感觉，以致引起皮肤刺激、搔痒等问题。在众多面料种类中，棉织物是儿童内衣的首选面料，具有吸湿性强、耐洗涤性能好、不易受微生物的破坏优势。

2. 防护机械性外力危害

由于儿童的自我防护能力较差，因此要确保身体避免受到自然界环境与社会环境的危害。

首先，儿童在日常玩耍时，服装经常会受到外力的作用而遭到破坏，如勾丝、磨破、撕裂等，这就需要设计师考虑童装面料的耐用性。其中，首选棉织物中的平纹布、巴里纱、麻纱、牛津布、斜纹布、纱卡等；或是棉起绒组织中的平绒、灯芯绒，由于起绒组织的结构具有一定特殊性，因此其耐磨性与弹性都非常好。

其次，童装面料要防止外部环境中化学药品的侵害等。

最后，童装（婴、幼儿装）的辅助材料必须牢固，如纽扣、拉链的装饰物，以求避免被婴、幼儿误食而产生危害。

3. 适宜身体自由活动

由于儿童生长发育快且活泼好动，因此适宜身体自由活动是童装舒适性功能设计的一个重要方面。在设计童装时，要注意童装款式伸缩性功能，若太过束缚则会妨碍儿童身体活动，产生一定的压力，妨碍儿童呼吸、血液循环等。

从儿童身体自由活动方面来考虑，童装面料要具有良好的柔软性、伸缩性、压缩弹性、拉伸强度以及重量轻和抗皱性强等重要性能，其中，棉针织物不仅手感柔软细腻，而且具有非常好的弹性。另外，将牛仔布进行水洗、酶洗、磨毛、免烫等特护工艺处理后，既有较高的拉伸强度又可增强柔软性。因此，将这些作为设计童装的面料，非常适合儿童的身体自由活动。

五、内衣设计风格

内衣（Underwear）是指贴身穿的衣物，包括背心、汗衫、短裤、抹胸、胸罩等。一般是指直接接触皮肤的，是现代人不可缺少的服饰之一，具有吸汗、矫形、衬托身体、保暖等作用。女性内衣按样式可以分为以下几种。

（一）丰满式内衣

丰满式内衣一般罩杯较深、较大，拉架及底边都较宽，并且肩带具有弹性。在功能形式上，丰满式文胸紧贴胸部，可以很好地固定住乳房，使穿着者行动自如。同时，造型设计紧凑，无松弛感。在审美形式上，常在罩杯上部以薄纱镶嵌，底部以不同色的刺绣花边进行装饰，增添女性的温柔气质。

（二）瘦腰式内衣

瘦腰式内衣的特点是控制腰部，使腰部显得更加纤细。这类内衣适合略为丰满的体型，穿着后可使身材曲线凸凹有致，充分展现女性的优美体态，搭配裙装可使婀娜身姿更显轻盈飘逸。

（三）优雅式内衣

优雅式内衣风格十分典雅，常在深色面料上饰以浅色蕾丝。通常在参加晚宴或重要商务社交场合中穿着，可收紧腰腹，使礼服裙装非常合体地穿在身上。可拆卸肩带为抹胸裙装而准备，适合各种体型的女士穿戴。

（四）无痕式内衣

无痕式内衣不仅在材质上如肌肤般细腻、富有弹性，色彩选择上也多以肤色为主，是专为紧身浅色系外装而设计的。全杯式罩杯将乳房很好地固定住，使外装无论怎样紧身也不会透出文胸的衣痕。对于年轻一族是非常适合的，如同最贴近肤色的粉底，无论搭配任何款式或色彩的服装都不会露出一点痕迹，具有较强的实用功能。

（五）运动式内衣

运动式内衣是指在款式上近似运动内衣的功能性内衣。多以半杯形模杯为特点，具有托高胸部功能，侧肩带的拉力使半杯形造出丰满的效果，具有较好的隐形效果。

内衣设计师在设计内衣时，应当根据不同女性的不同需求而进行设计。作为消费者而言，则应当时刻尊重的自己的切身真实感受，从自身出发去挑选一件适合自己的内衣，用最舒服的方式来展现女性的魅力。

第二节　服装款式廓形的分类与特征

服装造型作为服装设计参照的三大要素之一，在服装设计中占有重要的地位。服装造型是借助于人体以外的空间，用面料特性和工艺手段，塑造一个以人体和面料共同构成的立体服装形象。服装的造型分为外部造型与内部造型。外部造型主要是指服装的外部整体轮廓线，内造型指服装的内部款式造型，包括结构线、省道、领型、袋型、袖型等。服装廓形是服装款式造型的第一要素，廓形的设计和完成需要设计师付出许多的注意与精力。本节主要将服装款式廓形分为象形式廓形与拟态仿生式廓形。

一、象形式廓形

由于时代的不同，服装廓形的变化不但能反映深厚的社会内容，而且还能反映穿着者的个性、爱好等内容。服装造型的总体印象是由服装的外轮廓决定的，它进入人的视觉速度和强度高于服装的局部细节。服装外轮廓是一种单一的色彩形态，人眼在没有看清款式细节以前，首先感觉到的是外轮廓。服装廓形包括长、短、松、紧、直、曲等造型，每种廓形都有它自身的造型特点，也有自身的风格倾向，不但包含着审美感和时代感，而且折射出穿着者的品性。服装廓形变化的几个关键部位有肩、腰、臀以及服装的底摆，而同时服装廓形的变化也主要是针对这几个部位的强调或掩盖，也因其强调或掩盖的程度不同，而形成了各种不同的廓形。

服装款式设计具体可分为外部廓形设计与内部结构设计。其中服装廓形为服装的外部造型线，也称轮廓线。服装的内部结构设计则包括服装的领、袖、肩、门襟等细节部位的造型设计。服装廓形是服装款式设计的本源，作为直观的形象，如剪影股的外轮廓特征会快速、强烈地进入视线，给人留下深刻的总体印象。同时，服装廓形的变化影响制约着服装结构的设计，也支撑着服装的廓形。

服装廓形主要是指服装正面或侧面的外观轮廓，主要有以下表示方法。

1. 字母表示法

按字母形状可将服装廓形分为 A 型、H 型、O 型、T 型、X 型五大廓形，除此之外还有 S 型、V 型、Y 型等廓形。

2. 物态表示法

以大自然或生活中的某一形态相像的物体来表现服装造型特征的方法。按物体形状可分为气球型、钟型、木栓型、磁铁型、帐篷型、陀螺型、圆桶型、郁金香型、喇叭型、酒瓶型等。

3. 几何表示法

以特征鲜明的几何形态表现服装造型特征的方法。按几何形状可分椭圆型、圆型、长方型、正方型、三角型、梯型、球型等。

4. 体态表示法

以服装与人体的关系及状态表现服装造型特征的方法。只有了解不同类型人体的特征，才能帮助设计师根据体型设计款式。

二、拟态仿生式廓形

拟态仿生式廓形设计是现代服装造型设计形式之一，是以包括人类在内的一切生物为借鉴对象，并以这些生物的造型、轮廓、线条、色彩直接或间接借用到服装造型设计、结构设计和色彩设计中去，以此来设计出最新的服装造型。

当下的服装款式中，拟态仿生式廓形很多，如牵牛花形的轻盈喇叭裙、宽松的蝙蝠袖、端庄的燕尾服以及马蹄袖、燕子领、蟹钳领等。拟态仿生式廓形设计通过借鉴生物进行设计，是现代服装造型设计形式之一。

在当今时尚潮流的飞速发展中，设计师需要不断地产生新的灵感与设计构思。而将仿生拟态学运用在服装设计上，可以说是一门仿造生物形态的跨领域学科。设计师必须在观察与了解生物的外观、肌理、结构、色彩、机制后，融合个人对设计的认知，重新创造新的作品。

（一）拟态仿生式廓形的起源与应用

20世纪60年代兴起的仿生学（Bionics）是一门模仿生物的特殊本领，利用生物的结构和功能原理来研制机械或各种新技术的科学。仿生设计是在仿生学的基础上发展起来的一门新兴边缘学科，它不同于一般的设计方法，是以自然界万事万物的"形""色""音""功能""结构"等为研究对象的。在设计过程中，选择性地应用这些特征、原理进行设计，为设计提供新的思想、方法和途径，它体现了人类对大自然中所蕴藏奥秘及其中智慧的欣赏与尊重。

如在让·保罗·高缇耶（Jean Paul Gaultier）、克里斯汀·迪奥（Christian Dior）、山本耀司（Yohji Yamamoto）等大师近年的时装秀里，都可以明显看到他们从昆虫、花卉、鸟类等形状和色彩中汲取设计灵感。甚至有可能当设计师还没清楚地意识到某个细节属于仿生设计的时候，就已经自然而然地这样做了。然而，现今仿生学作为设计领域的创新方式，它的重要意义绝不仅仅局限于对生物形状的模仿，还包括对生物的表面肌理与质感、结构、功能、意象等方方面面的借鉴。

拟态仿生式廓形设计是在仿生设计的基础上延伸出来的，它不是对自然界生物外在形态的简单模仿，而是针对服装的整体艺术风格和各造型要素，仿照生物体和生态现象的外形或内部构造、纹理特征、色彩变化等而进行的设计实践活动。

拟态仿生式廓形设计的重心不在于造型上过分地追求与生物形态的形似，而是运用解构思维，将原型的基本构成元素加以拆分、打散，然后重新组合，从而形成全新的设计。拟态仿生式廓形设计思维是一种创造性思维，是对自然物种的认识和再创造的过程。拟态仿生式廓形设计在服装外造型的整体表达上并不是追求原型的逼真外形，而在于模仿原型的特征和韵味，结合服装和人体造型的特点，使其成为既有原型特征，又符合人体结构的服装造型。

拟态仿生式廓形设计的经典之作是设计师克里斯汀·迪奥于1953年推出的"郁金香"造型服装（见图4-37），这是一件服装造型与仿生植物形态完美结合的优秀作品。他利用把胸向横向发展扩大的方法，并直接与袖子连接起来，肩线像拱门一样呈圆形，腰部收紧，下半身成细长形，整个服装外形很像郁金花的形状，故而得名。

图 4-37 "郁金香"造型女装

（二）拟态仿生式廓形中的袖型设计

袖型是服装中至关重要的一部分，在袖子的设计中运用拟态仿生式廓形设计，能够提升整个服装造型的美。在服装造型的细节展示中，拟态仿生式廓形设计得到广泛体现的是袖型的设计，例如马蹄袖（见图 4-38）。马蹄袖最早起源于中国明代，人们根据马蹄的外形将箭袖端头设计为斜面，袖口面较长，呈弧形，可以覆盖住手背，称作马蹄袖。马蹄袖的形成，是人们对自然界仔细观察和了解的必然产物。人平时挽起成马蹄形，遇到行礼之时，可方便地将"袖头"翻下来，既具有实用功能，又有很好的装饰效果。

图 4-38 "马蹄"造型袖形

拟态仿生式廓形设计的灵感来源一方面源自深邃的历史文化，表达对自然的向往和热爱；另一方面源自对现代工业文明的反思。如今，人们开始更多地意识到自己与自然的关系。人类不是自然的主宰者，所以人的衣食住行都应遵循自然法则。现代服装设计师从自然中寻找灵感以期望达到人与自然，人与社会的高度统一。拟态仿生式廓形设计使人们从服装艺术中充分感受着大自然的魅力，而神秘的大自然总能触动设计师的心，给人以心灵的震撼。

（三）拟态仿生式廓形设计中的灵感来源

有关拟态仿生式廓形设计的种类繁多，如水母作为一种低等的海产无脊椎浮游动物，其外形像一把透明的雨伞，伞体边缘有着须状条状的装饰，漂浮在蓝色深海里，显得十分神秘、美丽。而仿水母造型设计的服装（见图4-39），整体造型模仿水母伞状的外形，面料采用轻薄的白纱，以此凸显水母轻柔的透明感。服装整体与人体的功能、构造相结合，就像半透明的水母一样柔美、飘逸，时刻传递着大自然的美。

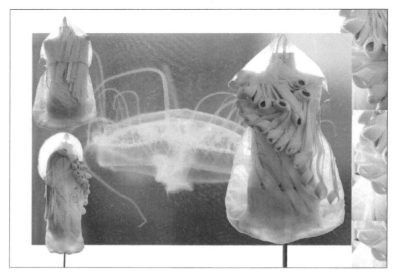

图4-39 "水母"造型服装

建筑艺术也是赋予服装设计师灵感的来源，如澳大利亚悉尼歌剧院的外形犹如即将乘风出海的白色风帆，设计师在服装的领型上注入悉尼歌剧院风帆造型，如将硬朗的线条搭配较大的银白色金属纽扣，具有极强的艺术感染力（见图4-40）。

图4-40 悉尼歌剧院仿生造型服装

（四）拟态仿生式廓形设计理念

在进行拟态仿生式廓形设计的过程中，应当遵循以下多方面的设计理念。

1. 安全理念

在拟态仿生式廓形设计中应考虑两个方面。一方面是在具有不安全因素的环境中起到安全警示作用。如海洋救生衣（见图4-41）的颜色通常比较醒目，多为橙色和红色。选择这类颜色的主要原因是红色与橙色在可见光谱中波长较长，明度偏亮，易被感知和发现。同时，鲨鱼对橙红色较为敏感，不易靠近，起到了保护落水者安全的作用。另一方面是将安全的理念设计融入服饰之中。在自然界中有一种蝴蝶名叫荧光仪凤蝶，阳光下它的翅膀颜色时而娇翠欲滴，时而发出金黄色的光芒，有时而由高贵的紫变成亮丽的蓝，就是这样的变色蝶，在花丛中翩翩起舞却不易被发现。这种美丽的蝴蝶带给昆虫学家无限的灵感。用此原理，迷彩服就应运而生了（见图4-42），大大减少了在战争过程中的伤亡人数，起到了安全防护的效果。

图 4-41　海洋救生衣

图 4-42　迷彩服上的图案

2. 健康理念

人体总是持续不断地与外界进行着热量交换，外界环境大跨度的变化对人类自身健康构成了一定的威胁。尤其在早晚温差大、天气变幻莫测的地方，适时地增减衣物就变得尤为重要。可这也给日常的生产生活带来了些许麻烦。

英国研究人员就"服装怎样自动适应天气变化"研发出一种神奇的布料。此种布料模仿"松球原理"，松树在繁殖季节，其松球能自动打开其鳞片状的孢子叶，孢子叶则会随着外界环境相对湿度的改变发生角度的移动，即种子枯干，孢子叶张开；种子潮湿，孢子叶闭合。

此种布料制成的服装可以保持服装内微气候恒定，具有排湿、保暖、保障等多种功能，使穿着者更舒适。同时，也减少服装对人体的影响，提高工作效率，有利于健康。

3. 舒适理念

随着人们生活品质的提升，服装舒适与否日益成为消费者选择服装的主要考虑因素，然而服装对人体造成的压力，是衡量服装舒适度中最无法被忽视的元素。中国古代服装的袖子与衣身是相连的，中间没有袖窿缝线将其划分开，倘若张开手臂，袖子悬垂尽露美感，但将手臂放在身体两侧时，会使面料堆积在腋下，不利于与外界产生热量交换，很不舒适。

现代服装量体裁衣，袖片与衣片分开裁剪，对于有袖的现代服，抬手时易拉伸衣服使之变形产生张力，压迫手臂，造成不舒适的感觉。然而自然界中的蝙蝠可以随意拍打翅膀，臂膀摆动空间范围相当大，且不受太大束缚，服装设计师根据蝙蝠这种特性，制成蝙蝠衫，袖幅宽大而夸张，却与衣服侧边系在一起，每当跳起舞来，袖子忽闪，既美观又不妨碍动作的完成，舒适尽显。

4. 功能理念

拟态仿生式廓形设计中的连体泳衣"鲨鱼皮"并非由真正的鲨鱼皮制成，它是模仿鲨鱼表面皮肤的特征。在服装表面制造出很多 V 形的粗糙褶皱与纵向排列特制的 V 形纹理。运动员由于全身包裹泳衣，因此在游泳过程中大大降低了与水流之间的摩擦阻力，有效提升了游泳速度。而且泳装的接缝处应参考人类骨骼肌肉结构，再进行设计调整，这样才能使运动员向后划水时再获得一分动力。

5. 美观理念

无论是清新淡雅、玲珑可爱的雏菊，还是积极向上、充满活力的向日葵，抑或是坚忍不拔、屹立于寒风中的梅花等，它们时时刻刻都在流露着大自然的美丽。如果能把这些元素巧妙地融合到服装设计中，再根据季节、地点精心地搭配组合，就能把女性塑造成为"流动的风景线"。如模拟植物表面的凹凸纹理效果，花瓣层次的相对叠压及花卉生长季节的代表特征等，均可以令服装更具有现代艺术趣味。

6. 个性理念

在马斯洛的需求层次理论中，尊重、自我实现的需要是满足生理、安全需要、归属和爱的需要后的高层次需要，可以通过服装表现来实现自我价值。

如浅色的蛇皮纹和黑色的皮质交织镂刻出神秘的性感气息，如高跟凉鞋前端有一块鱼嘴形镂空，精心个性的设计理念使脚趾若隐若现，既带有几分性感，又不失端庄优雅。

知识拓展

仿生防弹衣

仿生防弹衣是模仿松塔和鹿角等生物的属性制作的。这种防弹衣可以抗风雨、防子弹。这是因为松塔能有效地对付潮湿，当大气湿度下降，松塔的鳞状叶子便会自动张开进行"呼吸"。基于此，利用类似松塔结构的人造纤维系统组成新的纤维结构，能适应外界自然条件的变化。英国现已着手研制这种仿生防弹衣，并将装备部队。

据美国《国家地理》杂志报道，美国麻省理工学院工程专业的研究生本杰明·布鲁伊特正致力于研究新一代护甲装备。布鲁伊特和他的同事已经对牛角、鹿角、鱼鳞和其他一些自然界中的天然材料进行了测试，以研究各种动物是如何在野生环境中进行自我防护的。目前，其工作的重点放在了一种软体动物——大马蹄螺（Trochus Niloticus）与其外壳的内层物质上。大马蹄螺坚硬的外壳保护着它柔软的身体，使其免受其他动物的伤害，其壳的内层是由珠母层构成的。珠母层有95％的成分是较易碎的陶瓷碳酸钙，另外5％的成分是一种柔软的、柔韧性很好的生物高聚物。布鲁伊特称这种生物高聚物为"有机胶水"。他说，在显微镜下，构成珠母层的这两种物质看起来就像是以"砖泥"结构形式结合在一起的，无数微小的"陶瓷盘"像硬币一样叠在一起，并由生物高聚物将它们黏合起来。科学家们试图了解，是什么使得它如此坚固。布鲁伊特解释说，要打碎一片珠母贝所需要的力量是这种结构应该能承受的力量大小的两倍。研究人员发现，每个单独的"陶瓷盘"都被生物高聚物分隔开，而每个"陶瓷盘"的表面都覆盖着一层纳米级大小的凸起物，生物高聚物分子就附着在这些突起物中间。

布鲁伊特说，该研究小组目前的研究重点是"陶瓷盘"与生物高聚物"胶水"之间的力的关系。研究人员们希望，在未来几年能成功复制出珠母层的纳米结构，以用来制造更加安全可靠、同时也更加轻便的军用头盔、防弹衣以及汽车车身等。

（摘自陈莹著《纺织服装前沿课程十二讲》中国纺织出版社）

思考与练习

1. 举例说明三四种款式风格的主要特征。
2. 举例说明拟态仿生式廓形服装设计法在生活中的实际运用。

第五章
服装色彩基础理论

服装色彩基础理论是服装设计中的重要组成部分，它直接或间接地影响着服装设计作品的整体美感。服装色彩基础理论的关键因素是如何进行有效、和谐的整体色彩把控，例如上衣与下装、整体风格与局部细节等。除此之外，服装本身的色彩与周遭环境色的和谐度，以及消费者的年龄、职业、学历、肤色、体型等方面都有着密不可分的关系。合适的色彩配比可为服装的整体造型增添不少光彩，设计师在关注色彩本身的同时，还要关注时尚潮流资讯与流行色的发布，结合个人思考与见解，把握色彩流行趋势，从而设计出更符合时代与市场的服装。

第一节　色彩的基本常识

色彩在人们的社会生活、生产劳动以及日常生活中的重要作用是非常显而易见的。现代科学研究资料表明，一个正常人从外界接收的信息中，90%以上是由视觉器官输入大脑的。而一切来自外界的视觉形象，如物体的形状、空间、位置的界限和区别都是通过色彩区别和明暗关系得到反映的，而视觉的第一印象往往是对色彩的感觉。

一、色彩的来源

色彩是由光刺激人的视觉和大脑而产生的一种视觉效果，光是色彩产生的决定性条件。17世纪60年代，英国物理学家艾萨克·牛顿在房间里完成了光和三棱镜的实验。实验表明将各种颜色的光混合之后，就能得到白光。各色光本来就是白光的基本元素，它们既不是由其他光混合而成，也不是之前人们认为的由三棱镜所产生的。牛顿将红光和蓝光分离出来，并将其再次通过三棱镜时，发现这些单色光不能再被分开。牛顿同样发现，在光亮的屋内，物体看起来有颜色，是因为它们散射或反射了该种颜色的光，并非物体本身带有颜色。红色的沙发主要反射红光，绿色的桌子主要反射绿光，绿松石反射蓝光和少量的黄光，其他颜色也都是由各基色混合而来的。

人类对于色彩的感觉不仅仅是由光的物理性质所决定的，而且往往受到周围环境色彩的影响。有时，人们也会将物质产生的不同色彩物理特性直接称为色彩。对色彩的兴趣促使了人们色彩审美意识的产生，成为人们学会色彩装饰、美化生活的前提因素。正如马克思所说，"色彩的感觉是一般美感中最大众化的形式"。

二、色彩的种类与系别

在千变万化的色彩世界中，人们视觉感受到的色彩非常丰富，按种类可分为原色、间色和复色三大类。就色彩的系别而言，则可分为彩色系和无彩色系两大类。

（一）色彩的种类

1.原色

色彩中不能再分解的基本色称为原色。原色能合成出其他色彩，而其他色彩不能还原出本来的颜色。原色只有三种，色光三原色为红、绿、蓝，颜料三原色为品红（明亮的玫红）、黄、青（湖蓝）。色光三原色可以合成出所有色彩，颜料三原色从理论上来讲可以调配出其他任何色彩，如同色相加得黑色。因为常用的颜料中除了色素外还含有其他化学成分，所以两种以上的颜料相调和，纯度就会受影响，调和的色种越多就越不纯，也越不鲜明，颜料三原色相加只能得到一种黑浊色，而不是纯黑色。

2.间色

由两个原色进行混合称为间色。间色也只有三种，色光三间色为品红、黄、青（湖蓝），指色环上的互补关系；颜料三间色即橙、绿、紫，也称第二次色。必须指出的是，色光三间色恰好是颜料的三原色。这种交错关系构成了色光、颜料与色彩视觉的复杂联系，也构成了色彩原理与规律的丰富内容。

3.复色

复色是指颜料的两个间色或一种原色和其对应的间色（红与青、黄与蓝、绿与洋红）相混合得复色，亦称第三次色。复色中包含了所有的原色成分，只是各原色间的比例不等，从而形成了不同的红灰、黄灰、绿灰等灰色调。

由于色光三原色相加得白色光，这样便产生两个后果：一是色光中没有复色；二是色光中没有灰色调，如两色光间色相加，只会产生一种淡淡的原色光。

（二）色彩的系别

1.有彩色系

有彩色系是指包括在可见光谱中的全部色彩，它以红、橙、黄、绿、青、蓝、紫等为基本色。基本色之间不同量的混合、基本色与无彩色之间不同量的混合而产生的千万种色彩都属于有彩色系。有彩色系是由光的波长和振幅决定的，波长决定色相，振幅决定色调。所有彩色系中的任何一种颜色都具有三大属性，即色相、明度和纯度。也就是说一种颜色只要具有以上三种属性都属于有彩色系。

2. 无彩色系

无彩色系是指由黑色、白色及黑白两色相融而成的各种深浅不同的灰色系列。从物理学的角度看，它们不包括在可见光谱之中，故不能称之为色彩。但是从视觉生理学和心理学上来说，它们具有完整的色彩性，应该包括在色彩体系之中。无彩色系按照一定的变化规律，由白色渐变到浅灰、中灰、深灰直至黑色，色彩学上称为黑白系列。黑白系列中由白到黑的变化，可以用一条垂直轴表示，一端为白，另一端为黑，中间有各种过渡的灰色。纯白是理想的完全反射物体，纯黑是理想的完全吸收物体。可是在现实生活中并不存在纯白和纯黑的物体，颜料中采用的锌白和铅白只能接近纯白，煤黑只能接近纯黑。

无彩色系的颜色只有明度上的变化，而不具备色相与纯度的性质，也就是说它们的色相和纯度在理论时等于零。色彩的明度可以用黑白度来表示，愈接近白色，明度越高；越接近黑色，明度愈低。

三、色彩的联想

色彩的联想受到人的年龄、性别、性格、文化、教育程度、职业、民族、宗教、生活环境、时代背景、生活经历等各方面因素的影响，可分为具象色彩联想与抽象色彩联想两种。

（一）具象色彩联想

具象色彩联想是指人们看到某种色彩后，会联想到自然界、生活中某些具体的相关事物。如人们看到红色后会联想到鲜血、朝霞等（图5-1）；看到绿色后会联想到小草、森林等具体事物（图5-2、图5-3）。

图5-1 朝霞

图5-2 绿色植被

图5-3 绿色森林

（二）抽象色彩联想

抽象色彩联想是指人们看到某种色彩后，会联想到理智、高贵等某些抽象概念。如看到白色，令人联想到纯洁、朴实、典雅等抽象的事物。

四、色彩的对比与调和

两种以上色彩组合后，由于色相差别而形成的色彩对比效果称为色相对比。它是色彩对比的一个根本方面，其对比强弱程度取决于色相之间在色相环上的距离（角度），距离（角度）越小对比越弱，反之则对比越强。

（一）零度对比

1. 无彩色对比

无彩色对比虽然无色相，但它们的组合在实用方面很有价值，如黑与白、黑与灰、中灰与浅灰，或黑与白与灰（见图5-4）、黑与深灰与浅灰等。这种对比会使人感觉大方、庄重、高雅而富有现代感，但也易产生过于素净的单调感。

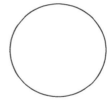

图5-4 黑与白与灰对比

2. 无彩色与有彩色对比

无彩色与有彩色对比如黑与红（见图5-5）、灰与紫（见图5-6），或黑与白与黄、白与灰与蓝等。这种对比会使人感觉既大方又活泼，无彩色面积大时，偏于高雅、庄重，有彩色面积大时活泼感加强。

图5-5 黑与红对比　　　　　　　图5-6 灰与紫对比

3. 同类色相对比

同类色相对比是一种色相的不同明度或不同纯度变化的对比，俗称同类色组合，如蓝与浅蓝

（蓝＋白）色对比（图5-7），绿与浅绿（绿＋白）与墨绿（绿＋黑）色等对比（图5-8）。这种对比会使人感觉统一、文静、雅致、含蓄、稳重，但也易产生单调、呆板的弊病。

图5-7　蓝与浅蓝色对比　　　　　　　　　　　　　图5-8　绿与浅绿色对比

4. 无彩色与同类色对比

无彩色与同类色对比如白与深蓝与浅蓝、黑与橘色与咖啡色（图5-9）等对比，其效果综合了无彩色与有彩色对比和同类色相对比类型的优点。这种对比会使人感觉既有一定层次，又显大方、活泼、稳定。

图5-9　黑与橘色与咖啡色对比

（二）调和对比

1. 邻近色相对比

邻近色相对比指色相环上相邻的二至三色对比，色相距离大约30°，为弱对比类型，如红橙与橙与黄橙色对比（图5-10）等。这种对比会使人感觉柔和、和谐、雅致、文静，但也会感觉单调、模糊、乏味、无力，必须通过调节明度差来加强效果。

图5-10　红橙与橙与黄橙色对比

2. 类似色相对比

类似色相对比的色相对比距离约60°，为较弱对比类型，如红与黄橙色对比等（图5-11）。这种对比效果较丰富、活泼，但又不失统一、雅致、和谐的感觉。

3.中度色相对比

中度色相对比是色相对比距离约90°，为中对比类型，如黄与绿色对比等（图5-12）。这种对比效果明快、活泼、饱满、使人兴奋，感觉有兴趣，对比既有相当力度，但又不失调和之感。

图5-11 红与黄橙色对比　　　　　图5-12 黄与绿色对比

（三）强烈对比

1.对比色相对比

对比色相对比的色相对比距离约120°，为强对比类型，如黄绿与红紫色对比等。这种对比的效果强烈、醒目、有力、活泼、丰富，但也不易统一而感杂乱、刺激、造成视觉疲劳。一般需要采用多种调和手段来改善对比效果。

2.补色对比

补色对比的色相对比距离为180°，为极端对比类型，如红与蓝绿、黄与蓝紫色对比等。这种对比的效果强烈、炫目、响亮、极有力，但若处理不当，易产生幼稚、原始、粗俗、不安定、不协调等不良感觉。

第二节　色彩的调和搭配

生活中的一切事物均是由不同色彩进行组合而成的，色彩组合的协调之美也是一门艺术。不同配色方案会使人产生不同的心境，关键因素在于配色组合是否合乎规律。在色彩学上，根据心理感受，把色彩分为暖色调（红、橙、黄）、冷色调（绿、青、蓝）和中性色调（黑、灰、白）。图5-13为冷暖色盘。在色彩搭配方面，主要有撞色搭配、邻近色搭配、点缀色搭配、黑白灰单独搭配等。

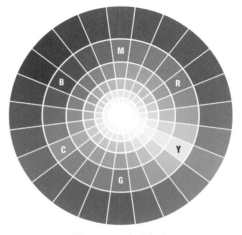

图5-13 冷暖色盘

一、冷暖色调和搭配

在绘画、设计等中，冷暖色调给人以不同的感觉。成分复杂的颜色要根据具体组成与外观来决定色性，人们对色性的感受也强烈受光线和邻近色的影响。冷色和暖色之间没有严格的色彩界定，它是颜色与颜色之间对比而言的，如同样是黄色，一种发红的黄看起来是暖色，而偏蓝的黄色给人的感觉是冷色。不同的色彩可以使人产生不同的心理感受，如红色、橙色、黄色为暖色，象征着太阳、火焰；绿色、蓝色、紫色为冷色，象征着森林、大海、蓝天；灰色、黑色、白色则为中间色。

冷色是指以蓝色为主导的一些色彩，包括绿色和紫色，呈现蓝色的灰色被称为冷灰。灰黑、紫黑，均属于冷色调配色。蓝色代表忧郁，也是最冷的色彩。喜欢蓝色的人性格上都很沉着、稳重、诚实。冷色使人联想到海洋、天空、水、宇宙等事物，表现出一种秀丽清新、冷静、理智、安详与广阔的情感氛围。冷色系代表色有蓝、蓝绿、蓝青、蓝紫等。

暖色是指由暖光组成的系列。其中，可见光可分为7种颜色，如赤、橙、黄、绿、青、蓝、紫。赤、橙、黄通常给人以温暖的感觉，因此称之为暖光。暖色系包括红紫、红、红橙、橙、黄橙、黄、黄绿等，象征着太阳、火焰等事物。

色彩还可以使人有距离上的心理感觉，如黄色有突出背景向前的感觉，青色有缩入的感觉。暖色为前进色，给人以膨胀、亲近、依偎之感；冷色为后退色，给人以镇静、收缩、遥远之感。

事实上，任何颜色都是用三原色（红、黄、蓝）组合而成的（图5-14），而三原色中只有红色是暖色，所以判断比较颜色冷暖，就应该看这种颜色中红色的成分多少来决定。如紫色是由红与蓝组成，而红与蓝的比例不同将决定紫色的冷暖程度不同。如绿色是由黄与蓝组成，蓝色属于冷色调，所以绿色就只能是冷色，而不会像紫色那样"时冷时热"。

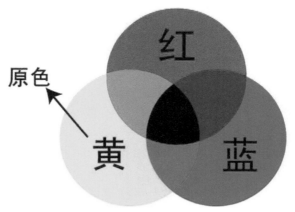

图5-14 红、黄、蓝三原色

二、对比色的调和搭配

对比色的调和搭配是将原本不适合的多种颜色搭配在一起，以体现自信与活力，张扬个性和气魄。主要是指将两种（或多种）反差较大的颜色搭配形成视觉冲击的效果。对比色调和搭配包括强烈色调和搭配与补色调和搭配。强烈色调和搭配指两个相隔较远的颜色相配，如黄色与紫色、红色与青绿色，这种配色比较强烈；补色调和搭配指两个相对的颜色配合，如红与绿、青与橙、黑与白等。

简单来讲，对比色调和搭配就是将色差较大的颜色搭配或拼接在一起，既可以是大范围的撞色，也可以是小色块的部位撞色。无论何种形式，将这种感觉发挥得淋漓尽致才是关键所在。如一种颜色的衣服车上另一种颜色的线，那么这个线就叫撞色线；一种颜色的衣服（主色）搭配另一种颜色的面料（副色），那么这个副色的面料就叫撞色料。

现如今，对比色调和搭配成了许多设计师表达自信与活力，活出自我，张扬个性的不二选择。巧妙的色彩搭配可提高人整体气质，彰显出独一无二人的个性和精神面貌。

在常见的服装对比色调和搭配方案中，主要有以下几种。

（一）红配绿

红配绿是很正的互补色（图5-15），在选择过程中要注意色彩的饱和度和色相。

图 5-15 红配绿

（二）黄配紫

在色表上，黄和紫是互补色（图5-16），因此要充分运用这一特点，抓住对比色这一特性。在色彩表现上，黄色和紫色在某种程度上都属于暖色系，给人一种充满活力的感觉。因此，这类颜色可以很好地展现出一个人的性格特征，通过服装的色彩语言，向别人传递自己的个性符号。

图 5-16 黄配紫

（三）蓝配橙

橙色属于暖色系，常以热情开朗的角色出现。与之相反的蓝色，给人一种安静且内向的感觉。这两种颜色是最佳的互补色之一（见图5-17）。

图 5-17 蓝配橙

（四）绿配紫

在色盘上，紫色和绿色是绝对的对比色调和搭配组合（图5-18），但是这两个颜色却往往被忽视。

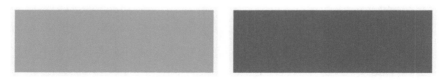

图5-18 绿配紫

除此之外，在服装撞色搭配上也要注意一些色彩配比禁忌，如冷色和暖色、亮色和亮色、暗色和暗色、杂色和杂色、图案和图案等。

第三节 服装设计中的色彩法则

服装设计中的色彩法则运用是设计师在设计服装过程中必须掌握的一项科学审美法则。从某一程度上来讲，设计师对于色彩的整体把控与局部表达往往决定了一件服装的整体风格走向。因此，设计师应当对色彩有着极为强烈的敏锐观察力，了解服装设计中的基本色彩分类并通过运用一定的色彩法则来进行设计。

服装给人的第一印象往往是色彩。因此，在服装三要素的排序中，一般将色彩排在了首位，即色彩—款式—面料。色彩对服装的影响极大，人们通常是根据服装配色的优劣来决定对服装的选择，在观察着衣物件时，也总是根据直观的第一色彩概念来评价着装者的性格、喜好和修养。正如马克思所说："在一般的美感中，色彩的感受是最大众化的形式。"可以说服装色彩与配色设计在服装设计的大理念中是最为关键的问题之一。服装色彩因现实生活而定，是从抽象到具体的东西，具有随机应变的能力，不同地域、环境、场所、文化、信仰、习俗、建筑等都能使服装色彩发生变化。

一、色彩的象征意义及其在服装上的运用

（一）红色

红色象征着生命、健康、热情、活泼和希望，能使人产生热烈和兴奋的感觉。红色在汉民族的生活中还有着特别的意义——吉祥、喜庆。

红色有深红、大红、橙红、粉红、浅红、玫瑰红等，深红具有稳重之感，橙红、粉红相比之下就显得十分柔和，较适合于中青年女性。而强烈的红色一般比较难以搭配色系，通常会选用黑色或白色与其相配从而产生很好的艺术视觉效果，当与其他颜色相配时要注意色彩纯度和明度的节奏调和。

（二）橙色

橙色色感鲜明夺目，有刺激、兴奋、欢喜和活力感。橙色比红色明度高，是一种比红色更为活跃的服装色彩。橙色不宜单独用在服装上，如果全身上下都穿着橙色的服装，则会引起单调感和厌倦感。一般橙色适合与黑、白等色相配，这样往往能出现良好的视觉效果。

（三）黄色

黄色是光的象征，因而被作为快活、活泼的色彩，给人以干净、明亮的视觉感受。纯粹的黄色，由于明度较高，比较难与其他颜色相配。用色度稍浅一些的嫩黄或柠檬黄，比较适宜运用学龄前儿童的服装配色，显得干净、活泼、可爱。体型优美、皮肤白皙的年轻女性适合较浅的黄色面料，穿着这一色系的服装会显得文雅、端庄。黄色色系是服装配色中最常用的色系之一，它与淡褐色、赭石色、淡蓝色、白色等相搭配，能取得较好的视觉效果。

（四）绿色

绿色色感温和、宁静、青春且充满活力。近年来，由于"绿色"概念深入人心，更使人们联想到绿色的自然与环保等。绿色也是儿童和青年人常用的服装色彩，其配色相对较容易，特别是花色图案中的绿色更适合与多种色彩的面料相搭配。在搭配绿色的服装时要特别注意利用绿色的系列色，如墨绿、深绿、翠绿、橄榄绿、草绿、中绿等色系的呼应搭配，尽量避免大面积地使用纯正的中绿，否则会出现视觉单调的效果。

（五）蓝色

蓝色通常使人联想到广阔的天空和无边无际的海洋，它象征着希望。蓝色属于冷色系，有稳重和沉静之感，适合团体活动时所穿着的颜色。

（六）白色

白色象征着纯真、高雅、稚嫩，给人以干净、素雅、明亮的感觉。白色能够反射出明亮的太阳光，而吸收的热量较少，是夏天比较理想的服装色彩。白色是明度较高的色系，具有膨胀之感，因此服装设计师应当从专业角度认识白色的特性，在设计中尽量避免给觉肥胖的人群选用白色。

（七）黑色

黑色是一种明度最低的色调，也是一种具有严肃感和庄重感的色彩，常给人以后退、收缩的感觉。黑色表教室和体型觉肥胖的人群，穿着后使人的视觉产生一种消瘦的视错。由于黑色吸收太阳光热能的能力较强，会增加穿着者的闷热感，因此不宜在夏天穿着黑色服装。设计师在使用黑色时一定要注意小的装饰设计和服饰配件的整体效果，否则会产生一种消极或恐怖的感觉。

二、服装设计中的色彩设计概念

在服装设计中，色彩、面料、款式是最为重要的三大设计要素，三者缺一不可。由于色彩具有十分强烈的视觉冲击效果与感染力，因此也决定了服装整体的风格趋势。当设计师在设计一件服装时，首先要了解服装设计中的色彩设计概念，即主色、搭配色、点缀色。

（一）主色

在任何一个设计版面中，通常都需要有一个最为主要、突出的颜色作为画面的主角，而其他作为辅助或衬托的颜色则会作为配角并按照一定比例出现，这个在色彩中占据主角地位的即是主色。在服装设计中，主色是指一件服装中所运用的主要色彩，它在整个服装中所占面积也是最大的，通常是作为套装、风衣、大衣、裤子、裙子等。服装设计中的主色就好比一个人的外貌，它是区别于他人的重要因素之一，同时也影响着带给他人的第一印象。因此，服装主色的选择也为服装的整体设计风格奠定了色彩基调。

（二）搭配色

在服装设计中，搭配色最主要的作用就是彰显主色优点，搭配色在强调和突出主色的同时，也必须符合设计所需要传达的风格，只有这样才能在最大程度上体现搭配色的作用和意义。搭配色也称作"辅色"，它比主色面积小，主要起到辅助主色的作用，通常是内搭的上衣，如毛衣、衬衫、背心等。

（三）点缀色

点缀色是运用面积最小的色彩，但往往处于显著位置并起到调节的作用，由于其自身特点的特殊性，因此点缀色通常体现在细节上，如围巾、鞋、包、饰品等都时常运用点缀色进行设计，具有画龙点睛的色彩设计效果。

三、同类色设计法则

同类色设计法则是指将色系相同，但深浅不同的色彩进行组合设计。如深红—浅红、姜黄—米黄、墨绿—浅绿等（见图5-19）。通常来讲，这一色彩设计风格的服装往往具有层次感，并具有一定的科学性与保守性，一般不会出错。近年来，同类色设计法则经常被设计师运用于服装设计之中，并颇受消费者青睐。同类色设计法则效果和谐、自然，不足之处在于容易使服装产生单调感，但也可以通过调节明度和纯度来改善色彩效果，产生明快的丰富感。同类色设计法则具有系列统一的雅致感，同时具有一定的变化感，是服装设计师常用的色彩设计法则，时常给人以温和、安静含蓄的美感。

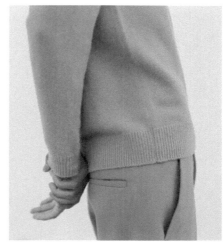

图 5-19　服装设计中的同类色运用

四、邻近色设计法则

在色环中，相邻接的色彼此都是邻近色，彼此间都拥有一部分相同的色素，因此在配色效果上，也属于比较容易调和的配色。但邻近色也有远邻、近邻之分，近邻色有较密切的属性，易于调和；而远邻色必须考虑个别的性质与色感，有时会有一些微小差异，这与色彩的视觉效果相关联，直接与色差及色环距离有关。

邻近色的配色关系处在色相环上 30 度以内，这种色彩配置关系形成了色相弱对比关系。

邻近色配色特点是：由于色相差较小而易于产生统一协调之感，较容易出现雅致、柔和、耐看的视觉效果。服装色彩设计采用这类对比关系，配色效果丰富、活泼，因为具有变化，且对眼睛的刺激适中，具有统一感，因此能弥补同类色配色过于单纯的不足，又保持了和谐、素雅、柔和、耐看的优点。但是，在邻近色配色中，如果将色相差拉得太小，而明度及纯度差距又很接近，配色效果就会显得单调、软弱，不易使视觉得到满足。所以，在服装色彩搭配中运用邻近色调和方法时，首先要重视变化对比因素，当色像差较小时，则应在色彩的明度、纯度上进行一些调整和弥补，这样才能达到理想的服装配色效果。

五、对比色设计法则

对比色设计法则通常是指运用两个或多个色相对比强烈的颜色进行设计，它们在色环上通常相距较远。对比色设计法则在运用过程中经常会使色彩产生对立感，其效果强烈、醒目、丰富，但在和谐度上稍显不足，因此在服装调色中需要用调和手段达到和谐的效果。由于对比色具有刺激、强烈、炫目的视觉效果，如若运用不当，则会显得粗俗、不协调。一般来讲，设计师可利用色彩间面积对比进行过渡、改进，从而产生较为明快、活泼之感，如黄色与紫色、红色与青绿色、橙色与紫色等（见图 5-20）。

六、色彩明度设计法则

色彩明度设计法则是指运用一种或多种色彩与黑、白、灰中的任一色彩进行组合搭配设计。如彩色与黑色、彩色与白、彩色与灰色等（见图5-21）。在设计过程中，设计师通常会在两个对比色或互补色中，添加黑、白、灰任意一种中性颜色进行隔离，如在一件红绿相拼的连衣裙中增加小面积白色进行色彩明度搭配，这样便可以达到服装色彩的整体和谐。

图 5-20　服装设计中的对比色运用

图 5-21　服装设计中的调节色运用

思考与练习

1. 色彩的来源、种类、系别有哪些？

2. 服装设计中如何有效地进行色彩对比与调和？

3. 选择一种你喜欢的色系，并列出 2 ~ 3 种配色方案。

第六章
服装设计中的面料与工艺

服装设计中的面料主要包括服装本身的主要面料和服装的辅料。换句话说，除了构成服装本身的面料之外，其他的均称为服装辅料。服装面料的种类繁多，主要可分为柔软型面料、挺爽型面料、光泽型面料等，设计师在选用这些面料时还需根据这些面料的特性进行有效的工艺制作。在服装设计中，服装色彩、款式造型、服装面料与工艺是构成服装的三大要素，服装面料与工艺是服装的重要基础，也是消费者选购服装时的重要评判标准之一。

第一节　服装面料与工艺的分类与特征

服装的面料与工艺是服装的基础，是人们选购服装的重要因素，服装的面料、工艺和服装之间存在着相互制约与相互促进的关系。本节主要对服装的面料与工艺进行基本分类和介绍，并根据面料特征概述其风格特征。

一、柔软型面料

柔软型面料（图6-1）一般是指较为轻薄、悬垂感好、造型线条光滑、服装轮廓自然舒展的面料，主要分为针织面料（图6-2）、丝绸面料以及麻纱面料（图6-3）。柔软的针织面料在服装设计中常采用直线型简练造型提现人体优美曲线，丝绸、麻纱等面料则多见松散型和有褶裥效果的造型，以表现面料线条的流动感。

图6-1　柔软型面料

图 6-2　针织面料

图 6-3　麻纱面料

二、挺爽型面料

挺爽型面料线条清晰且有体量感，能形成丰满的服装轮廓。常见的有棉布、涤棉布、灯芯绒、亚麻布和各种中厚型的毛料及化纤织物等（见图 6-4 ～图 6-6），该类面料可用于突出服装造型精确性的设计中，例如西服、套装的设计。

图 6-4　涤棉布面料

图 6-5　灯芯绒面料

图 6-6　亚麻布面料

三、光泽型面料

光泽型面料表面光滑并能反射出亮光，有熠熠生辉之感。这类面料包括缎纹结构的织物（见图 6-7、图 6-8），最常用于晚礼服或舞台表演服中。

图 6-7　粉色光泽型面料

图 6-8　蓝色光泽型面料

四、透明型面料

透明型面料质地较为轻薄而通透，主要包括棉、丝、缎条绢、化纤的蕾丝等，具有优雅而神秘的艺术效果（见图 6-9 ～图 6-14 ）。

图 6-9　白色乔其纱面料

图 6-10　紫色乔其纱面料

图 6-11　透明型混色面料

图 6-12　粉色蕾丝面料

图 6-13　白色蕾丝面料　　　　　　　　　图 6-14　黑色蕾丝面料

五、厚重型面料

　　厚重型面料厚实耐刮，能产生稳定的造型效果，包括各类厚型呢绒和绗缝织物（见图 6-15 ～图 6-17 ）。

图 6-15　厚型条纹呢绒面料　　　　　　　　图 6-16　厚型菱格呢绒面料

图 6-17　厚型墨绿呢绒面料

第二节 服装面料与工艺的选用原则

服装面料与工艺是根据不同品种、款式和要求制定出特定的加工手段和生产工序。不同的面料有着不同的性能特征，在加工处理上同样有着不同的选用原则。为了更好地保证服装产品质量，提高生产效率，应当有针对性地选择合适的面料进行工艺处理。

一、适合性原则

装饰面料按原材料可分为棉布、全麻、亚麻、丝绸、化纤、呢绒、皮革等，制作服装可选择棉布、丝绸、皮革、化纤等，像家装窗帘布、沙发布则选择麻布、呢绒比较好（见图6-18）。

图6-18　家装窗帘布装饰面料

二、功能性原则

服装的功能性是挑选面料的一个关键点，像防水、防尘、隔热、阻燃、耐磨、缩水等都可作为参考点。按照不同的使用环境、需求挑选合适的面料。图6-19为防尘服。

图6-19　防尘服

三、可塑性原则

面料工艺主要有针织、印染、刺绣、草编和喷涂等多类，均具有较强的可塑性。从使用者的角度出发，一般针织、刺绣、草编类不易褪色，更适合居家装饰使用，尤其适合需要经常换洗的使用环境（见图6-20和图6-21）。印染、喷涂类布料则相反，它们的色泽要更加明亮，但长期清洗光泽会慢慢消退（图6-22）。

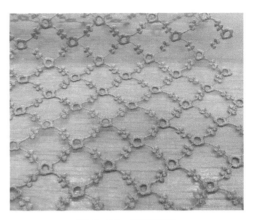

图 6-20　刺绣面料

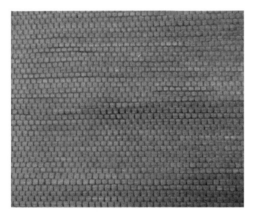

图 6-21　草编面料

图 6-22　印染面料

四、面料再造原则

面料再造是服装面料的二次设计，是指根据设计需要，对成品面料进行的二次工艺处理，并使之产生新的艺术效果。它是设计师思想的延伸，具有无可比拟的创新性。

在服装设计中，款式、面料和工艺是非常重要的元素，而面料再造在其中担当着越来越重要的角色。服装设计师的工作首先是从织物面料设计开始的，而经过二次设计的面料更能符合设计师心中的设计构想，这样不仅可以提高设计效率，同时还能够给服装设计师带来更多的灵感和创作激情。

面料再造是一门艺术，很多设计师能把面料再造达到令人叹为观止的艺术高度，它是设计师思想的延伸，具有无可比拟的创新性。

面料再造的方法主要有以下几种。

（一）立体设计

面料再造的立体设计是指针对一些平面材质的面料进行处理再造，如用折叠、编织、抽缩、褶皱、堆积、褶裥等设计手法，形成凹与凸的肌理对比，给人以强烈的触摸感。抑或是把不同的纤维材质通过编、织、钩、结等手段，构成韵律的空间层次，展现变化出无穷的立体肌理效果，使平面的材质形成浮雕和立体感（见图6-23）。

图6-23　面料立体设计

（二）增型设计

面料再造的增型设计一般是指用单一的或两种以上的材质，在现有面料的基础上进行黏合、热压、车缝、补、挂、绣等工艺处理，从而形成的立体、多层次的设计效果（见图6-24）。如点缀各种珠子、亮片、贴花、盘绣、绒绣、刺绣、纳缝、金属铆钉、透叠等多种材料的组合。

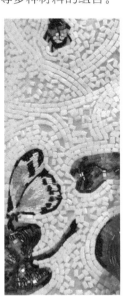

图6-24　面料增型设计

1. 褶皱法

褶皱法是立体设计中常用的一种方式，古希腊的服装就是运用褶皱造型，突出了女性的柔美。现代处理褶皱的方式越来越多，具体可以将其与蜡染、扎染相结合，也可以用机器压出各种形状的褶皱，十分方便快捷。抽褶亦是如此，甚至可以用布料直接在人台上造型，并自由任意进行抽褶，十分容易表现体量感。

2. 堆积法

堆积法是指通过进行一定数量、有规则或无规则的堆积而自然形成的一种体量，如在服装褶皱处、纽扣、领子、口袋等部位进行堆积。

3. 层叠法

运用层叠法设计出的面料效果既可以给人非常蓬松的厚重感，也可以是一种视错觉的效果体现。只要是平面的材料就可以用来做层叠，书本的纸张、牛仔布、网纱等都可用来尝试，多种材料进行组合更会产生意想不到的设计效果。

4. 缝绣法

缝绣法应当是设计师非常熟悉的方式之一，日本有一种面料再造方式就是用缝的方式在面料上做出图案，原本单色的面料因为这一举动变得更加有设计感。除此之外，如珠绣、缎带绣等的出现更加丰富了缝绣法，运用缝绣法与印染、印花等方式结合可使服装面料表现更具多元化。

（三）减型设计

面料再造的减型设计是指按照设计构思对现有的面料进行破坏，如镂空（见图6-25）、烧花、烂花、抽丝（见图6-26）、剪切（见图6-27）、磨砂等，形成错落有致、亦实亦虚的艺术效果。如将面料当成纸张来裁剪，若想要整齐的图案就使用类似皮革、TPU（热塑性聚氨酯弹性体橡胶）等这样非织物的材料。若追求的是放荡不羁、飘飘然的设计风格，平纹、斜纹等织物面料就是很好的选择。镂空带给我们若隐若现的"迷离感"，其中的纹样或形状也可以传递出你想表达的独特想法，不过镂空这种方式有时候需要小小技巧，有些时候需要专业机器的帮助，也可以直接在皮革等材料上直接进行设计。

1. 抽丝法

抽丝法均是由手工完成的，抽量大小多少、抽取手法等都具有一定标准的。如一些服装款式中的毛边，都是通过手工完成进行设计的。

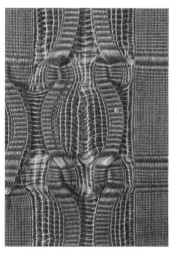
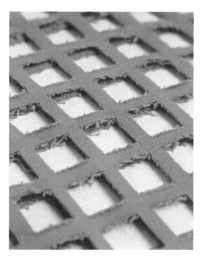

图 6-25　镂空减型设计　　　　图 6-26　抽丝减型设计　　　　图 6-27　剪切减型设计

2. 腐蚀、烧法

"搞破坏"也可以创造出美的东西，运用一些可以腐蚀面料或材料的物品对服装面料进行腐蚀、燃烧，从而形成不同形状、不规则大小的图案。

（四）钩编设计

随着编织服装的再度流行，各种各样的纤维和钩编技巧已日益成为时尚生活的焦点。钩编设计常以不同质感的线、绳、皮条、装饰花边，用钩织或编结等手段，组合成各种极富创意的作品。编织作为面料再造中较为基本的创作技法，并不需要太过复杂的编织技巧。如可以尝试用粗细不同的线来结合编织，或者选择运用不同颜色、不同质地的材料，如羽毛、碎布条、甚至是一块旧海绵等，将这些不同的材料进行多样组合后，会产生意想不到的效果。将针织与编织或者其他手法结合起来，并运用一些其他的材料进行编织，能够产生非常丰富的视觉艺术效果。

（五）拼贴设计

拼贴法是作为一种平面设计在人体服装上进行的二次设计，如将文身图案做成布贴，拼贴在服装上就十分具有艺术表现力。除此之外，还可以做成有规律形式感的几何拼贴等。许多学生在制作作品集的时候也会选择拼贴的方式进行表达，是一种非常快捷又有趣的方法。

（六）印染设计

这是一种比较初级却十分有效的方法，操作起来相对较容易，只需用布、颜料或者印花机器就可以完成。在印染方面，蜡染和扎染是比较简单的方式。

随着印染技术越来越发达，印花的方式也越来越简单。近年来，由于数码印花具有快速且良好效果的特质，一直备受众多设计师与消费者的喜爱。同时，街头元素也愈来愈受大众欢迎，将涂鸦、手绘等作为图样的印染设计也越来越流行。

（七）新型方法

比如 3D 打印出现初期就有"实验家"用来设计服装，极具未来感特质的服装令人惊叹。还有羊毛毡，又称为"戳戳乐"，最初设计师只是用它制作一些可爱的配饰与有趣的摆件。不过秉持着什么材料都能用来做服装的宗旨，一撮撮羊毛针毡就变成了设计师手中的面料，从而制作出精美的服饰等设计作品。

（八）其他方法

人类的大脑充满着无限想象，在思维的世界里从未有明确的界限。只要够敢想、够敢做，没有实现不了的面料再造。现如今，伴随着各种新型材料和技术的不断创新，设计师也会无休止地进行思维发散。

思考与练习

1. 面料的基本分类有哪些？分别有哪些特征？

2. 如何权衡服装设计中功能性与审美性的双重设计标准？

3. 根据面料再造原则，收集面料小样进行面料设计。

第七章
服装流行趋势与创意系列设计

　　服装是衣与人的结合，是人着装后的一种状态。服装流行是人们着装后产生的，它并非是凭空臆想出来的，而是有迹可循的。服装具有社会属性，任何一件与社会脱节的服装都难以生存。其中，创意灵感来源是服装设计中不可或缺的重要因素，是衡量一个设计师是否具有潜力的重要标准之一。本章主要介绍服装流行趋势、创意设计构思方法与表达及一些设计案例。

第一节　服装流行趋势信息来源

　　服装流行趋势的来源繁多，本节对部分较为重要的流行趋势信息来源进行了分类概述，如权威专业组织中的国际流行色协会、时装发布会中的四大知名时装周、时尚媒体中的《VOGUE》杂志等。

一、权威专业组织

（一）国际流行色协会

　　1982年，国际流行色协会（International Commission for Color in Fashion and Textiles）在法国巴黎成立。每年国际流行色协会都会从各成员国提案中讨论、表决、选定一致公认的三组色彩作为每一季的流行色。国际流行色协会各成员国专家每年召开两次会议，并具体讨论未来18个月的春夏、秋冬流行色定案。

　　国际流行色协会所发布的流行色定案是凭专家的直觉、判断来选择的，西欧国家的一些专家是直觉预测的主要代表。特别是法国和德国专家，他们一直是国际流行色的先驱，对于西欧的市场和艺术有着丰富的感受。这些专家以个人的才华、经验与创造力设计出代表国际潮流的色彩构图，并获得其他代表及世界的认同。

　　除此之外，还有国际流行色委员会、国际颜色学会、欧洲色彩学会、亚洲色彩联合会、美国PANTONE（潘通）、韩国流行色中心、韩国设计文化协会、韩国纺织设计协会、日本流行色协会、日本色彩研究所等权威组织协会。

（二）中国流行色协会

　　中国流行色协会（China Fashion & Color Association）经民政部批准于1982年成立，是由全国从事流行色研究、预测、设计、应用等机构和人员组成的法人社会团体，1983年代表中国加入国际流行色协会。中国的流行色发布是由中国流行色协会制定，他们通过观察国内外流行色的发展状况，收集大量的市场资料，并针对资料做出分析和筛选。在色彩定制中还加入了社会、文化、经济等多方面的因素。

中国流行色协会作为中国科学技术协会直属的全国性协会，挂靠中国纺织工业协会。流行色协会设有专家委员会、组织部、调研部、学术部、市场部、设计工作室、对外联络部、流行色杂志社和上海代表处以及四个专业委员会，成员来自全国纺织、服装、化工、轻工、建筑等不同行业的企业、大专院校、科研院所和中介机构等。

（三）中国服装设计师协会

中国服装设计师协会是民政部批准注册的全国性社会团体，成立于1993年，英文名称为China Fashion Association（简称CFA），总部设在北京。中国服装设计师协会是由服装及时尚业界设计师、专业人士、知名时装品牌、时尚媒体和模特经纪公司自愿组成的全国性、行业性、非营利性的社会组织。中国服装设计师协会会员分个人会员和单位会员，合计2000多人（家）。协会下设专家委员会、时装艺术委员会、学术工作委员会、职业时装模特委员会、时装评论委员会、技术工作委员会、陈列设计专业委员会、品牌工作委员会和时尚买手委员会九个专业委员会。2010年，中国服装设计师协会通过民政部评估，获得4A级社会组织称号。

目前，中国服装设计师协会开展的主要业务活动如下。

1. 举办中国国际时装周

中国服装设计师协会从1997年开始举办中国国际时装周，每年两次，每年三月下旬发布品牌、设计师当年秋冬系列服装流行趋势，十月下旬发布品牌、设计师次年春夏系列服装流行趋势。

中国国际时装周是中外知名品牌和设计师发布流行趋势、展示时尚创意、倡导设计创新、推广品牌形象的一个公共时尚服务平台。近年来已经成为继巴黎、米兰、伦敦、纽约、东京之外的最活跃的时尚发布活动之一，得到了国际社会的广泛关注。其中，中国时装设计"金顶奖"和"中国时尚大奖"是中国时装设计师、时装模特、时装摄影师、时装编辑、化妆造型师和原创品牌的最高荣誉。

2. 举办中国国际大学生时装周

中国国际大学生时装周是面向国内外时装院校的国际性公共服务平台，由中国服装设计师协会、中国纺织服装教育学会和中国服装协会共同主办的。旨在宣传推广服装教育成果、展示大学生设计创意才华、促进大学生创业和就业，以进一步提升我国服装教育教学质量，更好地满足我国纺织服装业转型升级过程中对设计创新人才的需求。主要内容包括毕业生作品发布、服装教育成果展示、服装产业专题研讨、服装设计人才交流等。

3. 组织各类服装设计大赛和模特大赛

中国服装设计师协会致力于产业促进和品牌推广，尊重并维护创作者的知识产权，高度重视人才培养和职业发展。通过组织"中国十佳时装设计师""中国时装设计新人奖"评选和"汉帛奖"中国国际青年设计师时装作品大赛、"中国模特之星""中国职业模特"等各类专业大赛，为社会造就了一大批优秀时装设计师和时装模特。

4. 开展在职专业人员继续教育培训

中国服装设计师协会培训中心主要致力于中国服装行业在职专业人员的继续教育，定期开展工业制版、立体裁剪、店铺陈列培训，不定期开展设计管理、营销管理等国内外合作培训，为业界培养了一大批服装设计管理、服装营销管理、服装陈列设计等专业人才，满足了服装行业不同领域、不同层次的人才需求和个人的职业素质提升的需要。

5. 开展国际交流、促进跨国合作

中国服装设计师协会积极开展国际交流与跨国合作，先后与法国、意大利、俄罗斯、日本、韩国、新加坡等国时装及时尚业界建立了双边合作关系，并与日本时尚协会、韩国时装协会共同发起成立了亚洲时尚联合会，积极促进国内外企业与专业人士在设计、工艺咨询服务、引进品牌、特许授让等方面的友好合作。

（四）中国纺织服装教育学会

中国纺织服装教育学会（China Textile and Apparel Education Society，简称CTAES）成立于1992年，是经教育部批准，民政部登记注册，具有独立法人资格，由全国纺织行业的企、事业单位和社会团体自愿组成的学术性、非营利性、全国性的社会团体。中国纺织服装教育学会以服务和自律为宗旨，遵守宪法、法律、法规和国家政策，贯彻党的教育方针，维护会员的合法权益，努力为基层服务，是纺织企事业单位、学校和政府之间的桥梁。

目前，中国纺织服装教育学会主要开展以下工作。

（1）认真贯彻党和国家的教育方针政策，做好调查研究，了解纺织服装教育的现状，提出行业教育发展规划的建议，发布行业教育的信息。

（2）对纺织服装教育新建专业、新建学校提供咨询建议，接受委托对纺织服装专业进行研究、咨询、评估和服务。

（3）同有关部门、企事业单位及社会力量创办各类实体，开展联合办学、开办公司等。

（4）组建和指导纺织服装类专业教学指导委员会的工作，组织教材编写规划的制定和教材编写、出版工作。

（5）帮助企业建立现代企业教育制度，组织各类、各层次教育交流活动，组织开展各类人员培训及继续教育。

（6）开展有关教育理论的研究，提高各个层次教育的领导干部和管理人员的业务水平。为基层工作提供服务，为有关领导部门提出建议。

（7）开展国际学术交流，组织有利于纺织服装教育发展的各项社会服务活动。

（8）承办政府机关、社会团体或会员单位委托的有利纺织服装教育发展的各项工作。表彰在纺织服装教育方面和学会工作中取得优秀成绩的单位和个人。

（9）主办《纺织服装教育》会刊和《纺织高校基础科学学报》期刊。

二、时装发布会及时装周

时装周是以服装设计师以及时尚品牌最新产品发布会为核心的动态展示活动，也是聚合时尚文化产业的展示盛会。时装周一般选择在时尚文化与设计产业发达的城市举办。当今全球有多个著名的时装周，如法国巴黎时装周、意大利米兰时装周、英国伦敦时装周、美国纽约时装周、日本东京时装周等。在我国，目前最具影响力的是在北京举办的中国国际时装周。此外，上海国际时装周、香港国际时装周等也享誉国内外。

时装周每年一般分别在2、3月份的春夏和9、10月份的秋冬举办，举办期间一般都汇聚了时尚圈各界名流。如模特、设计师、演艺明星、摄影师、化妆造型师、秀导、经纪人、媒体记者以及舞美和服装、模特院校等相关行业和机构，是时尚界最主要的年度盛会。

每个时装周都有自己偏重的时装风格，纽约时装周主推商业、休闲风格服装，伦敦时装周力在展现先锋、前卫的时尚潮流，米兰时装周继承传统又不乏时尚元素，巴黎时装周则是高级定制的时尚典范。最初，时装周只是对时尚买手与厂商开放，但现如今早已演变成一场迷人的时装表演与媒体盛宴，许多名人也被吸引到了它的T台前。时装周不仅对当季的服饰流行趋势具有指导作用，同时也在指导着配件部分，如鞋子、包、配饰、帽子以及妆容的流行趋势。

国际四大时装周（巴黎、米兰、纽约、伦敦）的时装发布会都是提前发布下一季的时装，这样他们的客户就可以提前预订，并且在这些服装开始公开销售之前就可以拥有它了，同时这样做也是在给时尚杂志留下时间，以便时尚编辑可以对大众进行疯狂的下一季必备单品的举荐活动。一般来说，每个时装周几乎要举行不下100场活动，包括时装秀、慈善活动、庆祝宴等。大牌设计师的作品会在时装周的主要活动日中展示，而大量的小牌则会在这段时间的前后举行品牌时装发布会。

（一）巴黎时装周

国际四大时装周中，纽约展示商业，米兰展示技艺，伦敦展示胆色，而只有巴黎展示梦想。法国巴黎被誉为"时装中心的中心"。国际上公认的顶级服装品牌设计和推销总部大部分都设立在巴黎，从这里发出的信息是国际流行趋势的风向标，不但引领法国纺织服装产业的走向繁荣，而且引领国际时装风潮。举办时间通常每年一届，分为秋冬（2、3月）和春夏（9、10月）两个部分，每次在大约一个月内相继会举办300余场时装发布会。

巴黎时装周（Paris Fashion Week）起源于1910年（见图7-1），由法国时装协会主办。法国时装协会成立于19世纪末，协会的最高宗旨是将巴黎作为世界时装之都的地位打造得坚如磐石。他们帮助新晋设计师入行，组织并协调巴黎时装周的日程表，务求让买手和时尚记者尽量看全每一场秀。凭借法国时装协会的影响，卢浮宫卡鲁塞勒大厅和杜乐丽花园被开放成为官方秀场。他们向全球的媒体与买手推介时装周上将会露面的每一位设计师。在仿货横行的今日，全力为"法国制造"保驾护航。

图 7-1 巴黎时装周

即便是第二次世界大战（以下简称二战）期间，法国时装协会也没有停止巴黎时装周的进程。不过这时，关注时尚的人们早已统统跑去远离二战硝烟的纽约了。尽管如此，战争结束后，迪奥先生的"NewLook"一经亮相，就立刻为巴黎变本加厉地重新收回了失地。相比较而言，米兰和伦敦的时装周相当保守，它们更喜欢本土的设计，对外来设计师的接受度并不高，使这些外来者客居的感觉依旧强烈，而纽约时装周商业氛围又太过浓重，只有巴黎才真正吸纳全世界的时装精英。那些来自日本、英国和比利时的殿堂级时装设计师们，几乎每一个都是通过巴黎走进了世界的视野。

（二）米兰时装周

米兰时装周（图7-2）吸引了上千家专业买手和来自世界各地的专业媒体，这些精华元素所带来的世界性传播是远非其他商业模型可以比拟的。作为世界四大时装周之一，意大利米兰时装周一直被认为是世界时装设计和消费的"晴雨表"。

图 7-2 米兰时装周

1967 年是"意大利成衣诞生"的重要年份，也是米兰作为世界性时装之都开始崛起的一年。这一年，米兰时装周正式创立，一批冠以设计师本人名字的意大利成衣品牌应运而生。作为国际四大著名时装周之一，米兰时装周崛起得最晚，如今却已独占鳌头，聚集了时装界顶尖人物。米兰作为意大利一座有着悠久历史的文化名城，曾经是意大利最大的城市。作为世界时装业中心之一，其时装享誉全球。意大利是老牌的纺织品服装生产大国和强国，其纺织服装业产品以完美、精巧的设计和技术高超的售后处理享誉全球，特别是意大利男女时装的顶级名牌产品及皮服、皮鞋、皮包等皮革制品在世界纺织业中占有重要地位。

（三）纽约时装周

纽约时装周（New York Fashion Week）每年举办两次，2 月份举办当年秋冬时装周，9月份举办次年的春夏时装周。作为最为古老的时装周，纽约时装周由时尚评论家爱琳娜·琥珀（Elenor Lamber）发起，并于 1943 年第一次成功举办。发起人 Elenor Lamber 曾表示过举行这样一个时装周的初衷在于希望给纽约的设计师们一个展示自己工作的舞台，并且将当时普遍专注于巴黎的时尚焦点转移过来。纽约时装周在时装界拥有着至高无上的地位，名设计师、名牌、名模、明星和美轮美奂的霓裳羽衣共同交织出一场奢华的时尚盛会。

近年来，纽约时装周一直得到梅赛德斯－奔驰汽车公司的冠名赞助，因此又被称为"梅赛德斯－奔驰纽约时装周"（见图 7-3）。1943 年，由于受二战影响，时装业内人士无法到巴黎观看法国时装秀，纽约时装周在美国应运而生，它也因此成为世界上历史最悠久的时装周之一。在举办初期，纽约时装周以展示美国设计师的设计为主，因为他们的设计一直被专业时装报道所忽视。但伴随着纽约时装周逐渐取得成功，原本充斥着法国时装报道的《VOGUE》杂志也开始加大对美国时装业的报道。

图 7-3　纽约时装周

（四）伦敦时装周

作为潮流创意发源地之一，伦敦才华横溢的设计师们在这里得到了尽情发挥，繁荣兴盛的服装设计业也得以诞生。无论是在 T 台上，还是在城市中的著名餐厅、酒吧、夜总会或是大街上，伦敦整座城市都在进行精彩的服装展示。

创办于 1983 年的英国时尚协会是一家由业内赞助商出资的非营利性有限公司，也是伦敦时尚周（见图 7-4）的主办方。该协会还负责举办英国年度顶级的时尚盛典"莱卡英国风尚大典"，并力求帮助英国设计师拓展其业务，出版发行指导时装设计师运行推广服装品牌的《设计师真实档案》一书以及《设计师制作手册》。英国时装协会的目标是联手业内资助人，在全球范围内提升英国时装设计界地位。

图 7-4　伦敦时装周

每年 2 月，超过 50 位引领潮流的设计师会相继在伦敦举办时装秀，同时，其他设计师的杰出作品也会以展览的形式呈现给观众。在时装周期间，这些时装设计天才会居住在自然历史博物馆的特制帐篷中，或其他容易激发灵感的地方。虽然，全球著名时装周之一的伦敦时装周在名气上可能远不及巴黎、纽约的时装周，但它却以另类服装设计概念及奇异的展出形式闻名。如一些"奇装异服"总会以别出心裁的方式呈献给大众，带来神秘与惊喜。

除此之外，比较知名的时装周还有柏林时装周、日本时装周、香港时装周、哥本哈根时装周、里约热内卢时装周等。但这些时装周的规模等方面与四大时装周（巴黎、米兰、纽约、伦敦）相比仍相差甚远。

三、时尚媒体

时尚媒体是网络媒体的一部分，是时尚与潮流的结合。当下炙手可热的时尚媒体有时尚网、瑞丽、太平洋女性网、时尚中国、悦己女性、YOKA 时尚网等。这些媒体是高端时尚白领生活专属领地，引领时尚潮流，深刻解析时尚谜语，及时报道时尚风云事件。覆盖时尚生活的各个领域，时装、美容、奢侈品、时尚界、婚嫁、人物、健康、数码、家居、美食、旅游等潮流资讯尽在时尚网站。

如今，时尚媒体作为提供各类媒体最新资讯的重要信息渠道，致力于为广大网民提供一个在线阅读，电视、杂志、报纸、企业内刊发布的交互式平台。

（一）《VOGUE》杂志

《VOGUE》是由美国康泰纳仕集团于1892年出版发行的一本杂志（见图7-5），是世界上历史悠久、广受尊崇的一本综合性时尚生活类杂志。杂志内容涉及时装、化妆、美容、健康、娱乐和艺术等各个方面，被奉为世界的Fashion Bible（时尚圣典）。在美国版《VOGUE》杂志诞生之后，其出版商康泰纳仕公司随后推出了英国版（1916年）和法国版（1921年）。纳仕先生是现代杂志版面设计的创始人，他是第一位聘用艺术家担任杂志摄影师的出版人。《VOGUE》杂志也是世界上第一本用彩色摄影表现时装作品的杂志。

图7-5 《VOGUE》杂志封面

1959年，纽豪斯先生收购了《VOGUE》杂志及其相关杂志，并在其他国家及地区推出了更多版本，包括澳大利亚版（1959年）、意大利版（1965年）、巴西版（1975年）、德国版（1979年）、西班牙版（1988年）、韩国版（1996年）、俄罗斯版（1998年）以及日本版（1999年）等，《VOGUE》杂志至今仍由纽豪斯家族所拥有。作为世界上最重要的杂志品牌之一，这一成就得益于其强调编辑独立的政策和秉承最高编辑水准的宗旨。作为这本杂志的东家，美国康泰纳仕（CondéNest）集团除了拥有《VOGUE》这一旗舰产品外，还拥有如《GQ》《名利场》《Traveler》《连线》及《纽约客》等顶级杂志。

现今每月的《VOGUE》杂志拥有全球1800万最具影响力的忠实读者。在全球各地，《VOGUE》杂志被设计师、作家和艺术家推崇为风格与时尚的权威。在各个国家和地区，《VOGUE》杂志都凸显她独树一帜的定位，从独特视角力求反映出版所在地的文化。同时，她对相关行业的扶持作用是无与伦比的。尤其值得一提的是，《VOGUE》杂志推动了全球时尚产业的发展。当今很多著名设计师都是从《VOGUE》杂志被发掘的。世界上一些顶尖摄影师如马里奥·特斯蒂诺（Mario Testino）、史蒂文·梅塞尔（Steven Meisel）、帕特里克·德马西尔（Patrick Demarchelier）和欧文·佩恩（Irving Penn）等长期以来都是在《VOGUE》杂志中发展了他们成功的事业。《VOGUE》杂志的理念是聘用最专业的编辑人员，结合世界上最优秀的设计师、最具才华的摄影师与模特，以最高的制作水准创造出市场上最高质量的杂志。在时尚杂志业内，《VOGUE》杂志一直被公认为全世界最领先的时尚杂志。

在美国，《VOGUE》被称为"时尚圣经"，即使在国外久负盛名的《Cosmopolitan》（中文杂志名"时尚"）也没有达到能够与《VOGUE》同台竞争的水平，而《Marie Claire》更是没和《VOGUE》在同一层面上。《VOGUE》杂志介绍世界妇女时尚，包括美容、服装、服饰、珠宝、保健、健美、旅行、艺术、待客、名人轶事和娱乐等方面的内容。将视点放在全世界的《VOGUE》，比其他流行杂志更多的是全球化的视野以及更为宽广的角度。所以无论是题材内容的文字表现，或是视觉上的美感呈现，《VOGUE》都认真追求至善至美的境界。

所以，与其说《VOGUE》是时尚志，不如说她是流行的艺术结晶。其每个月的四项主题重点都有独到之处，以其时尚的敏锐触角，为读者精心营造流行与艺术的气质品位。

2005年9月中国版VOGUE《Vogue服饰与美容》正式在中国创刊，发行至今深受中国时尚女性喜爱。该企业品牌在世界品牌实验室（World Brand Lab）编制的2006年度《世界品牌500强》排行榜中名列第117位。

（二）《时尚芭莎》杂志

《时尚芭莎》杂志是时尚杂志社出品的一本杂志（见图7-6），也是一本服务于中国精英女性阶层的时尚杂志，传播来自时装、美和女性的力量。

图7-6 《时尚芭莎》杂志封面

《时尚芭莎》不仅提供最新的时尚资讯，精辟的流行趋势报道，最受关注的人物专访和女性话题，还时刻与读者分享着当代女性生活的乐趣和智慧。《时尚芭莎》是最能体现时代风尚的权威引领者，进入中国仅一年半的时间后，阅读率高居同类时尚杂志排行榜第三位，跻身最畅销时尚类女性杂志前五名。

如今，现代社会人们越来越不关注文学，读者的阅读品位也越来越倾向于读图化，所以时尚芭莎首创"平面电影文学"的概念，用最美的形式来表现文学，从而吸引更多的人来关注文学，品味文学，接受文学。2011 年，《时尚芭莎》杂志国内首创平面电影文学，邀请国内知名作家和著名演员共同创作国内顶尖书香电影，一经刊出即引起不小反响。

《时尚芭莎》后来与广告公司的合作以及与大型商业活动的合作更是将自我推广和品牌扩大更进了一步，如"新丝路模特大赛""明日之星"等商业艺术活动的成功举办，除了扩大了品牌知名度，也为其自身创造了极大的物质财富。《时尚芭莎》杂志的成型，更是凭借纸媒这一媒介平台，将自身的"为美而服务"的概念扩大到各个角落。如今，《时尚芭莎》已成为最能体现时代风尚的权威引领者。作为一本成功的杂志，《时尚芭莎》又凭借其在大众以及媒体间的号召力和知名度成功牵引做成了"芭莎慈善之路"，通过分享杰出的时装品味和女性力量，打造卓越的社会影响力。

（三）穿针引线网站

穿针引线网站成立于 2001 年，定位为中国服装行业入口（见图 7-7），业内口号是"为中国服装穿针引线"。穿针引线是服装行业深度交流的平台，集聚了大量中国独立服装设计师品牌及占比达整个服装行业 95% 的设计师从业人员。

图 7-7　穿针引线官方标识

穿针引线网一直在以实际行动促进业界同仁的联合与中国服装行业的发展，是服装专业学生及从业人员最喜爱的网站。运营多年来，一直得到广大服装爱好者的拥护和喜爱，自网站创立至今共有 90 余名无偿志愿者担任版主管理员，为维护社区稳定构建用户互动建立了良好的基础。

（四）时尚自媒体

自媒体也称"公民媒体"或"个人媒体"，通常是指私人化、平民化、普遍化、自主化的传播者。自媒体一般是通过现代化、电子化的传播方式，向特定或不特定的个人及人群传递规范性与非规范性信息的新媒体的总称。当下自媒体平台一般包括微博、微信、百度官方贴吧、社会论坛等网络社区。

近年来，由于自媒体越来越受关注，时尚自媒体作为其中的佼佼者也一直不断地被人们追捧。就中国市场而言，微博与微信一直是时尚自媒体运营的重要占地，其中在2016年公布的中国时尚自媒体价值排行榜中，前十位中有九位时尚自媒体运营者均来自微博与微信，如摄影师艾克里里、时装专栏作者gogoboi、韩国资深美妆达人Pony、时尚潮人徐峰立、时尚专栏作者黎贝卡的异想世界、时尚达人Dipsy迪西等。

第二节　创意系列设计构思与表达

创意系列设计是指为了某一种用途而提出独特创意，并把脑中的构想具体表现出来的一种设计。具体来说，就是以面料作为素材，以人体作为对象，塑造出关于美的创意作品。一件成功的服装设计作品，不仅仅局限于观者所能看到的色彩与形态，亦指眼睛所不能看到的作品表现方法、内部工艺结构等。那些认为服装设计仅仅是画时装效果图的想法是非常片面、狭隘的，作为一名服装设计师不应仅仅局限于服装廓形、领围线、分割线等部位进行设计构思，而应当像一位电影导演把控全局，立于创意的中心，统筹规划，使服装达到最完美的创意效果。

一、设计构思方法

服装设计的构思是一项生动、活跃的开拓性思维设计活动。通常来讲，构思的过程是较为缓慢的，在此期间需要设计师仔细观察生活中的点点滴滴，激发设计灵感来源，并进行一定时间的灵感积累与沉淀。一方面，构思是由触发激起灵感而突然产生，如自然界的花草虫鱼、高山流水、历史古迹、文艺领域的绘画雕塑，舞蹈音乐以及民族风情等，另一方面，社会生活中的一切都可给设计者以无穷的灵感来源。

（一）服装创意设计需考虑的条件

在进行服装创意设计时，首先应当考虑以下五个条件。

1. 人物（WHO）

当下时尚潮流发展日新月异，每个人对于服装创意设计的理解也有很大不同。从个人层面的审美艺术角度出发，由于人与人之间的家庭成长环境、受教育程度、性格特质及职业发展方向都有着很大的区别，因此也形成了其感官审美的差异性。在针对特定目标客户或客户群时，设计师应当深入挖掘人物的性格特征与内在心理活动，并运用一定的创意设计手法使其融入服装之中。

例如，在为5～7岁的儿童设计校服时，应当考虑其内在心理特征与外在活动特征，处于这个年龄段的儿童正是天真烂漫、充满幻想的年纪，因此在进行服装创意设计之时，应当多采用明亮、鲜艳的色彩与可爱、童趣的图案，在色彩与图案方面融入创意，进行多样性与个性化的创意表达，而在款式与面料方面则应当注重简洁、舒适。

再如，当设计师为极具高品位审美的社会名流设计服装时，设计师应当充分考虑其职业特质与曝光度。由于这类人群时常出现于公众视野之中，所穿着的服装需要具备一定的时尚创意，能够通过服装展现其独特的个人魅力。

2. 时间（WHEN）

时间是具有时效性的事物。一般来讲，从穿着的季节变化角度可分为春、夏、秋、冬四个季节，在这四个季节之中，设计师可根据节气的不同变化进行创意设计。如将冬季的冰天雪地与夏季的热带草木等代表元素进行融合，以节气反差作为创意概念进行服装设计。

从一天的变化角度可分为白天与夜晚，例如近年来十分流行的睡衣外穿就是讲夜晚所穿着的服装进行时尚创意再设计，这种白昼反差穿搭设计深受时尚达人与消费者的喜爱。

3. 地点（WHERE）

不同的地理环境与不同的社交场合需要穿着不同风格的服装，而伴随着时尚全球化的飞速发展，服装也不再仅仅局限于地理位置的设定。就多年以前的中国来讲，如南北方服装风格有着明显的差异性，而今进入 21 世纪以来，这种差异性正在日益减小。从设计师的角度出发，设计师应当深入了解世界各地地理环境与风俗人情，将一些极具民族特色的元素融入时尚设计之中并传承下去。

4. 原因（WHY）

人们在选择服装时，由于穿着目的和用途不同，因此对服装的要求自然也就不同。如政界人士在选择服装时，通常不会考虑其创意概念的表达，更多的是注重大方得体、干练低调的个人形象，而街头的一些行为艺术家或动漫爱好者，则会十分注重服装的个性化与创意概念表达，他们通常会选择夸张、个性的服装。再如，旅行爱好者在选择服装时一般会注重服装的功能性与面料材质，因此设计师若是能在兼具这两者的基础之上融入创意，则一定会令人眼前一亮。

5. 目标者（WHOM）

在多数社交场合中，服装已不再局限于满足个人审美需求，而是希望通过服装来得到别人的认可与赞美，这种现象正逐渐演变成一种社交媒介形式，而设计师通过对设计对象的量身定制，为设计对象塑造出完美的社交形象。

除了以上五个条件外，设计师还需考虑色彩、面料、图案纹样、廓形、工艺、配饰、辅料等方面。其中，最重要的就是设计师个人的主观审美与整体流行趋势的发展方向，只有这样，才能设计出优秀的服装作品。

（二）服装设计的题材

服装设计的题材是一个总体的概念，而主题是一个具体的概念。题材包括主题，主题是题材的具体化，它们之间是相互联系的层次关系。一般来说，在设计时首先要确定选择表现什么，即选取题材，然后决定怎样进行表现，即确定主题。

现代服装设计的题材十分广泛，可以从现代工业、现代绘画、宇宙探索、电子计算机等方面选材，使服装充满对未来的想象与时代信息。如从不同民族、不同地域的民俗民风中取材，表现民族或地域情调；从大自然中从生物世界中取材，如森林、大海、草原、鸟兽虫鱼、花卉草木等，展现出绮丽多姿的自然风采。除此之外，回顾历史的题材则更加广泛而有传统，可以抒发出人们怀古、怀旧的情感和浪漫的意境。大千世界为服装的设计构思提供了无限宽广的素材。设计师应从过去、现在和未来的各个方面挖掘题材，寻找创作源泉，同时还要根据流行趋势和人们思想意识情趣的变化，选择符合社会要求，具有时尚风格的设计题材，使服装作品达到一种较高的艺术境界。

设计的主题是指在众多的题材中取其一点，集中表现某一特征。主题是作品的核心，也是构成流行的主导因素。国际时装界十分注重时装流行主题的定期发布，以使各国设计师在这些主题的指导下，进行款式的、面料和色彩的探索，从而不断推出新款服装。

设计主题确定后，围绕主题即可进一步着手与之相关的一系列工作，使主题能够得以完美表达。这些作品包括：提出倾向性主题；明确时装观念；寻求灵感来源；确立设计要点；选择面料、图案与色彩；使用服装配件；协调整装效果等。

下面如以"东方浪漫"这一主题为例，具体说明如下。

1. 倾向主题

"东方浪漫"这一具有神秘色彩的主题设定可以使人联想到丝绸之路（图7-8）、日本浮世绘（图7-9）、印度纱丽（图7-10）、中式旗袍之美等。这些不同的联想元素所呈现出的风格概念

也大不一样，如丝绸之路是历史上横贯欧亚大陆的贸易交通线，在历史上促进了欧亚非各国和中国的友好往来，中国作为丝绸的故乡，将这种具有民族使命感的东方浪漫呈现给世界各族人民。再如，日本浮世绘是日本江户时代所兴起的一种独特的民族艺术，这种典型的花街柳巷艺术主要描绘了人们日常生活与风景，将浮世绘融入东方浪漫之中也是别具一番艺术韵味。

图7-8　丝绸之路

图 7-9 日本浮世绘

图 7-10 印度纱丽

2. 时装概念

"东方浪漫"这一主题的时装概念重点在于将民族服饰与现代时尚相交融，通过这种时尚碰撞展现一种独具魅力的时装风格。例如丝绸之路中可挖掘中国古典意韵与新兴时尚潮流，日本浮世绘中可运用解构主义风格服装，而轻柔飘逸的多彩纱丽可与现代礼服相融合等。

3. 灵感启发

如丝绸之路灵感启发可收集中国传统民族图案、传统艺术刺绣、古典书画等，在廓形元素灵感收集方面可参考汉服、旗袍中的一些款式结构等；日本浮世绘灵感启发可收集浮世绘中的各种绘画题材种类，如美人画、戏画、历史绘、武者绘等，在廓形元素灵感收集方面可参考著名解构主义大师山本耀司的款式结构等。

4. 设计要点

如丝绸之路的设计要点在于中国传统服装、民族图案与现代时尚潮流的完美融合；日本浮世绘极具个性的绘画图案与解构主义的多层次设计概念；印度唯美纱丽披挂式的自然穿着形式，如宽松的裙装、裤衫套装、刺绣、蜡染、扎染等手工表现方法的应用。

5. 服装材料

如丝绸之路的服装材料主要运用丝绸织物、手工面料再造织物等；日本浮世绘的服装材料主要运用粗糙朴素的棉麻织物；印度纱丽则选择精美富丽的发光缎类织物或新型设计面料。在选择服装材料时，应当时刻考虑其服装风格，紧扣主题。

6. 图案

如丝绸之路可选用中国传统图案中的花草、动物纹样，名人书法或字画等；日本浮世绘可选用日本传统绘画形式与人物形象；印度纱丽可选用几何抽象或花卉图案等。

7. 色彩

如丝绸之路适用于低调奢华的大地色系、气势宏伟的朱红色系等；日本浮世绘适用于神秘沉稳的蓝色系、雅致清新的高级灰色系；印度纱丽适用于色调浓重的彩色系等。

二、设计构思的表达

服装设计的构思的表达方式与绘画不同，服装设计的构思包括两个方面：一是平面效果，用绘画来表达设计意图；二是立体的效果，通过裁剪、缝纫工艺制作成衣，最终是服装供人们穿着以检验设计的优劣。具体来说，服装设计的构思表达有以下几个环节。

（一）艺术构思

1. 绘画形式

在进行艺术构思的过程中，绘画是设计师常用的一种构思方式。其中包括构思草图、绘制平面结构图及彩色效果图。设计师通过对某一灵感元素的运用，通过不同绘画形式进行表达，将设计想法呈现于纸上。这一环节中，设计师对于把握色彩的设想与运用尤为重要，要求设计师需要具备较高水准的绘画技法及表达能力。

2. 尺寸选定

不同的服装风格有着不同的尺寸选定标准，一般来讲，休闲装的尺寸选定通常较为宽松，而礼服的尺寸选定则较为修身。除此之外，对于人体平均尺寸的测定，个别定制服装人体尺寸的测定，人体运动功能的放松度测定等都是不相同的，包括不同国家、地区、人种的平均尺寸测定，流行尺寸的研究和制定等都存在着较大的差异。这也就要求设计师在进行尺寸选定时，应当加以谨慎评估，根据设计任务及设计对象的特征而进行尺寸选定。

3. 面料选择

在面料选择方面，通常要考虑面料的质地、花纹、色彩和风格。针对不同的面料特性进行不同的功能性测试，如缩水率、张力、悬垂性、速干性等；在辅料选择方面，通常要考虑其是否有纺衬、无纺衬、热定型衬、附加衬等；在配件选择方面，应考虑所需配件的类别，如纽扣、拉链、扣襻、花边、绳穗、缝线、商标及各类垫肩等。

4. 装饰效果

在服装设计中，关于装饰效果的表达有多种多样，其中褶裥、细皱、拼接、缉线、刺绣、钉珠等平面或立体的装饰是服装设计中最为常见的。不同的装饰效果影响着服装的整体风格，当下设计师时常选用一些较为特殊的面料再造手法，此外还包括一些附属的配件、装饰等。

（二）工艺构思

1. 裁剪方法

一般裁剪方式分为平面裁剪、立体裁剪、原型裁剪等。其中，平面裁剪是以人体所测量的尺寸，设计平面制图，即短寸式裁剪法；立体裁剪是从人体上裁剪下来的，很符合人体曲线要求的原型衣片；原型裁剪是以推理的方式，通过立体裁下来的衣型，用原型加上款式放松度裁剪服装的方法。采用不同的裁剪方式所呈现出的服装效果也会大有不同，设计师应当根据自己的设计作品需求来选择合适的裁剪方法。

2. 工艺车缝

主要包括个别量体制作、成衣生产流水线缝制等。其中，个别量体制作对于设计师、打版师、工艺师的专业实践要求较高，如绣衣的刺绣手法、车缝手法等。此外，还有一些服装种类需要特殊机械设备缝制，如西装、牛仔服、皮革、裘皮类服装等都需要借助于特殊设备进行工艺车缝制作。

3. 市场要求

在服装市场的大环境中，不同阶层的消费者对于服装也有着不同的档次要求和品质要求。因此，也应当时刻考虑服装整体成本价格的核算等。

设计构思除上述具体环节外，设计师还应具备一些与服装有关的知识，如服装心理学、服装销售学、服装流行论、中外服装史等，对于服装新科技，服装生产管理等边缘知识也应予关注。与服装间接有关的音乐、绘画、摄影、化妆、服饰艺术等方面的知识也要多加吸收，以提高艺术修养，开拓思路。

第三节　创意系列设计案例分析

一、案例一：《五谷杂粮》（第二届濮院杯中国针织设计大赛全国银奖）

（一）主题封面

图 7-11 为《五谷杂粮》主题封面。

（二）灵感来源

当下人们生活在一个充斥着各种诱惑的水泥围城里，有人获得了成功，有人迷失了自我。但与此同时，也有越来越多的人渴望回归一种简单质朴的生活状态，渴望找回原本属于自己的赤子之心。正如山珍海味固然可口，但随着时间的流转，会逐渐发现，粗茶淡饭的五谷杂粮才是生活的原本滋味。《孟子滕文公》中称五谷为"稻、黍、稷、麦、菽"。五谷杂粮作为中国传统饮食的一部分，日复一日、年复一年地给予人们大自然的馈赠。大米、黄豆、红豆、薏仁等农作物，经过不同的排列组合与针织面料图案不谋而合。五谷杂粮坚韧饱满的颗粒感与粗棒针织温暖细腻的纱线相结合，倡导一种简单质朴、随遇而安的生活理念。《五谷杂粮》灵感来源见图7-12。

图7-11 《五谷杂粮》主题封面（王小萌绘制）

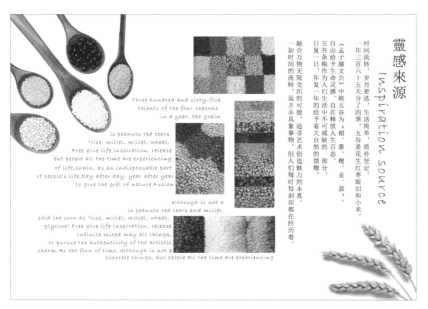

图7-12 《五谷杂粮》灵感来源（王小萌绘制）

（三）色彩、款式等流行趋势灵感来源

《五谷杂粮》色彩、款式等流行趋势灵感来源见图 7-13。选用高级灰、暖橙、暖黄为主色调，通过在针织面料制作工艺上的创新，去更丰富地表达设计。同时，运用大量的手工粗棒针织工艺，通过针织渐变的设计手法来丰富整组色系。面料部分主要选用了纱线针织、粗棒针织和毛呢针织，通过针织纱线间的粗细变化与色彩变化进行设计。

图 7-13 《五谷杂粮》色彩、款式等流行趋势灵感来源（王小萌绘制）

（四）服装效果图

《五谷杂粮》服装效果图见图 7-14。

图 7-14 《五谷杂粮》服装效果图（王小萌绘制）

（五）服装款式图

《五谷杂粮》服装平面款式图见图 7-15。

图 7-15 《五谷杂粮》服装平面款式图（王小萌绘制）

（六）面料及工艺介绍

为了彰显当下针织男装流行趋势与着装情怀，体现谷物的颗粒质感，将传统工艺与现代服装廓形相融合，表达针织装饰的精致细节，在运用丝网印花工艺的基础上进行手工立体钩花。图 7-16 是《五谷杂粮》面料及工艺介绍图。

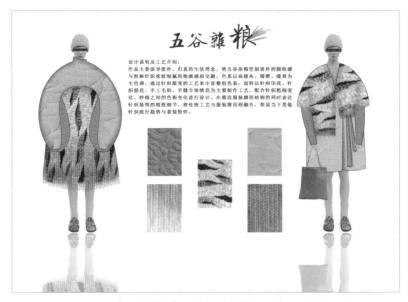

图 7-16 《五谷杂粮》面料及工艺介绍图（王小萌绘制）

（七）成衣作品

《五谷杂粮》成衣作品见图 7-17 ～图 7-20。

图 7-17 《五谷杂粮》成衣作品（一）

图 7-18 《五谷杂粮》成衣作品（二）

图 7-19 《五谷杂粮》成衣作品（三）

图 7-20 《五谷杂粮》成衣作品（四）

二、案例二：《No.10号球员》（第26届真维斯杯休闲装设计大赛优秀奖）

（一）灵感来源

在球场上，10号是一个球队的灵魂和核心，是一种力量技术和信心的体现，他率领着球队拼搏、冲锋在球场的最前端，勇往直前，无所畏惧。本系列设计以10号球员为中心，通过3D打印和印刷技术，把10号元素印在服装上，表达自己的独特。每天接受着新鲜事物的同时，不要忘记自己的独特性和重要性，尽管是一起学习，一起玩耍，也要有核心力量，团队才会强大。整体设计颜色比较活跃，以此来烘托出"1758"（一起玩吧）的气氛。面料方面运用了太空棉、TPU 等多种材质的碰撞，体现了活力无限，新鲜有趣的正青春的我们。《No.10 号球员》灵感来源见图 7-21。

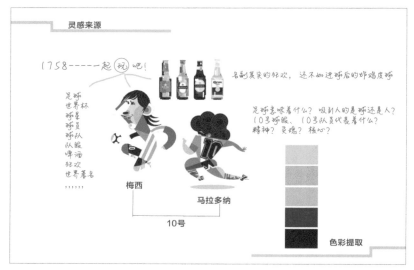

图 7-21 《No.10 号球员》灵感来源（杨妍、唐甜甜绘制）

（二）服装效果图

《No.10 号球员》服装效果图见图 7-22。

图 7-22 《No.10 号球员》服装效果图（杨妍、唐甜甜绘制）

（三）服装款式图

《No.10 号球员》服装款式图见图 7-23。

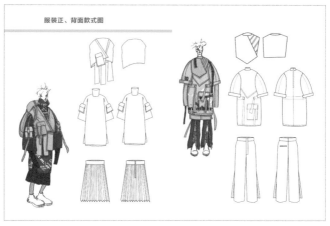

图 7-23 《No.10 号球员》服装款式图（杨妍、唐甜甜绘制）

（四）面料及工艺介绍

《No.10 号球员》面料及工艺介绍见图 7-24。

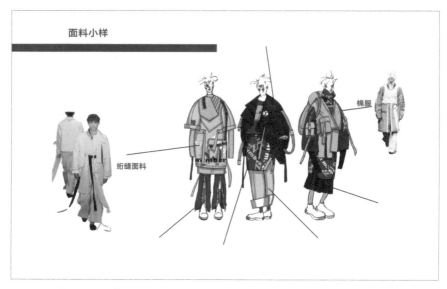

图 7-24 《No.10 号球员》面料及工艺介绍（杨妍、唐甜甜绘制）

（五）成衣作品

《No.10 号球员》成衣作品见图 7-25 ～图 7-28。

图 7-25 《No.10 号球员》成衣作品（一）　　图 7-26 《No.10 号球员》成衣作品（二）

图 7-27 《No.10 号球员》成衣作品（三）　　　图 7-28 《No.10 号球员》成衣作品（四）

三、案例三：《古城印象》（"金富春杯"2017中国丝绸服装暨第五届中华嫁衣创意设计大赛全国银奖）

（一）灵感来源

本系列作品灵感来源于古建筑（图 7-29 ～图 7-31）。随着商业化发展，现代的古建筑逐渐被高楼大厦取而代之，促进了经济发展，却弱化了文化传承。粉墙黛瓦、小桥流水变成了心中的梦。一砖一瓦，带我们回归到最本真的一面。本系列设计将古建筑的造型肌理运用于现代服装设计中，在传统文化中注入时尚元素，以期唤醒人们对古建筑的情感。

图 7-29 《古城印象》灵感来源（一）（宋柳叶绘制）

图 7-30 《古城印象》灵感来源（二）（宋柳叶绘制）

图 7-31 《古城印象》灵感来源（三）（宋柳叶绘制）

（二）服装效果图

《古城印象》服装效果图见图 7-32。

设计说明:
本系列作品灵感来源于古建筑。随着商业化发展,现代的古建筑逐渐被高楼大厦取而代之,促进了经济发展,却弱化了文化传承。粉墙黛瓦、小桥流水变成了心中的梦。一砖一瓦,带我们回到最本真的一面。本系列设计将古建筑的造型肌理运用于现代服装设计中,在传统文化中注入时尚元素,以期唤醒人们对古建筑的情感。

图 7-32 《古城印象》服装效果图(宋柳叶绘制)

(三)服装款式图

《古城印象》服装款式图见图 7-33、图 7-34。

图 7-33 《古城印象》服装款式图(一)(宋柳叶绘制)

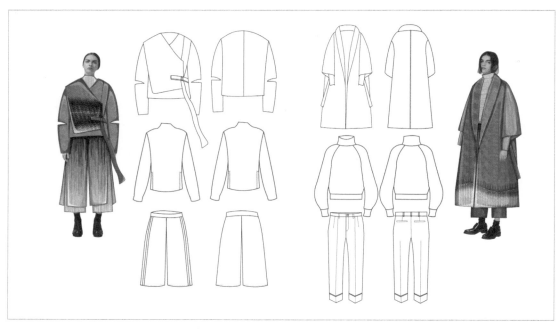

图 7-34 《古城印象》服装款式图（二）（宋柳叶绘制）

（四）面料及工艺介绍

《古城印象》面料及工艺介绍见图 7-35。

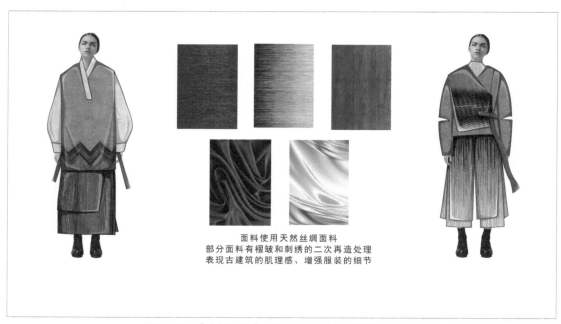

面料使用天然丝绸面料
部分面料有褶皱和刺绣的二次再造处理
表现古建筑的肌理感、增强服装的细节

图 7-35 《古城印象》面料及工艺介绍（宋柳叶绘制）

（五）成衣作品

《古城印象》成衣作品见图 7-36 ～图 7-39。

图 7-36 《古城印象》成衣作品（一）

图 7-37 《古城印象》成衣作品（二）

图 7-38 《古城印象》成衣作品（三）

图 7-39 《古城印象》成衣作品（四）

四、案例四：《AFTERWORLD》

（一）主题封面

图7-40 是《AFTERWORLD》主题封面。

图7-40　《AFTERWORLD》主题封面（吴珺妍绘制）

（二）灵感来源

紫色是由温暖的红色和冷静的蓝色化合而成，是极佳的刺激色，而紫也代表胆识、忧郁、隐晦、深沉、高贵和神秘；本系列的设计大面积地运用紫色及针织、磨砂及PVC（聚氯乙烯）等不同面料的碰撞来展现后世那些心思细腻而敏感，但性格张扬，审美独到的人的形象，他们会尽量避免与不懂得体察别人心情、事事以自我为中心的人接触，他们时时追求完美，对自己较为苛刻，会尽可能地压抑自己内心的情感，而更多地将自己的情感表达体现在着装和服饰搭配上。图7-41 是《AFTERWORLD》灵感来源。

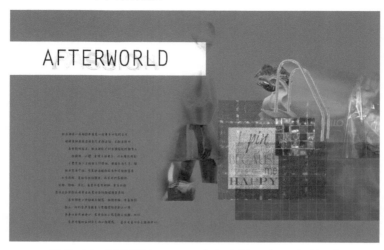

图7-41　《AFTERWORLD》灵感来源 （吴珺妍绘制）

（三）服装效果图

图 7-42 是《AFTERWORLD》服装效果图。

图 7-42 《AFTERWORLD》服装效果图（吴珺妍绘制）

（四）服装款式图

图 7-43 是《AFTERWORLD》服装款式图。

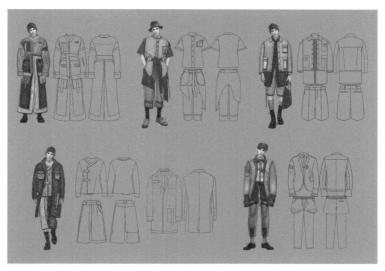

图 7-43 《AFTERWORLD》服装款式图（吴珺妍绘制）

（五）面料及工艺介绍

图7-44是《AFTERWORLD》面料及工艺介绍。运用醒目的镭射面料与暗淡的磨砂面料等进行结合，鲜明的碰撞使服装具有不一样的视觉效果；在柔软且纹路分明的针织面料上进行压线

和特殊处理，使其营造出一种具有充气感的挺阔造型，同时运用皮质硬朗表面光滑的PVC面料进行对比结合，给人一种时尚且具有未来感的服饰里添加了些许复古的情愫的感觉；纱质的领口及打底裤给整体比较硬挺厚实的服装透了口气；金色字母的涂鸦元素及细小部分绿色色块的点缀给大面积的紫带来灵动和活力。

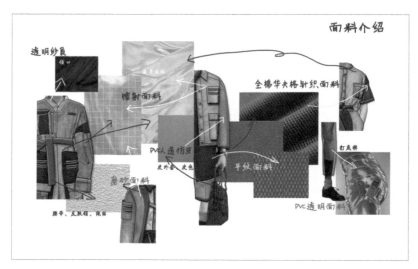

图 7-44 《AFTERWORLD》面料及工艺介绍（吴珺妍绘制）

五、案例五：《Interior Monologue 内心独白》

（一）主题封面

图 7-45 是《Interior Monologue 内心独白》主题封面。

图 7-45 《Interior Monologue 内心独白》主题封面（花倩倩绘制）

（二）灵感来源

此系列主要以拥抱青春释放个性怀抱理想和注重内心独白为灵感，色彩从黑色中解放出红蓝白鲜明又个性的颜色，设计点在于解开的绳索寓意着解放内心自我的个性，贯穿运用于整套服装。图 7-46 和图 7-47 是《Interior Monologue 内心独白》灵感来源。

图 7-46 《Interior Monologue 内心独白》灵感来源（一）（花倩倩绘制）

图 7-47 《Interior Monologue 内心独白》灵感来源（二）（花倩倩绘制）

（三）服装效果图

图 7-48 是《Interior Monologue 内心独白》服装效果图。

图 7-48 《Interior Monologue 内心独白》服装效果图 （花倩倩绘制）

（四）服装款式图

图 7-49 是《Interior Monologue 内心独白》服装款式图。

图 7-49 《Interior Monologue 内心独白》服装款式图 （花倩倩绘制）

（五）面料及工艺介绍

图 7-50 是《Interior Monologue 内心独白》面料及工艺介绍。采用斜纹牛仔织法，电脑横机针织提花以及小面积手工粗棒针织，运用 3D 立体剪裁和小面积防染印花以及数码印花。

图 7-50 《Interior Monologue 内心独白》面料及工艺介绍（花倩倩绘制）

六、案例六：《Shadow Hunters》

（一）主题封面

图 7-51 是《Shadow Hunters》主题封面。

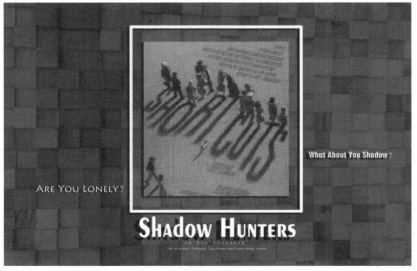

图 7-51 《Shadow Hunters》主题封面 （陈笛绘制）

（二）灵感来源

Shadow Hunters系列服装灵感来源于光影的交织（见图7-52、图7-53）。不要害怕影子，因为那意味着你的前方充满着光芒。人这一生都在收割着影子，一个人，一盏路灯，一个窗户，一个杯子，这些物体和我们本身都是孤单的、安静的。可是在光的照耀下，这些东西便和我们组成了一幅全新的画面，它宁静自然，让人舒心充满希望。

在本系列服装中，由光影交织形成的格子图案是主要运用的元素。水纹光影、玻璃光影制造出的亮面效果在后面的服装面料的运用上也有所表现。服装的造型方面参考了法国新浪潮时期的服装元素，将复古与现代进行结合，使服装复古经典的同时，更具年轻化。

图 7-52 《Shadow Hunters》灵感来源（一）（陈笛绘制）

图 7-53 《Shadow Hunters》灵感来源（二）（陈笛绘制）

（三）服装效果图

图 7-54 是《Shadow Hunters》服装效果图。

图 7-54　《Shadow Hunters》服装效果图（陈笛绘制）

（四）服装款式图

图 7-55 是《Shadow Hunters》服装款式图。

图 7-55　《Shadow Hunters》服装款式图（陈笛绘制）

（五）面料及工艺介绍

图 7-56 是《Shadow Hunters》面料及工艺介绍。在服装面料上采用了新颖的运用搭配。绅士经典的风衣外套、西装外套等用上了 TPU 材质的面料，使服装看起来年轻、清透，不会太过于庄重。由于 TPU 材质的使用使服装过于轻薄，显得不够硬挺，所以在服装的领口、袖口及衣摆处进行了麻绳包边，使服装更有造型感，服装结构明显。为呼应麻绳包边，在服装上也都运用了麻绳，使服装具有整体感。

图 7-56 《Shadow Hunters》面料及工艺介绍（陈笛绘制）

本系列服装除了 TPU 外还大规模使用了粗麻布，粗麻布挺括易凹造型，可以中和 TPU 的清透，使服装有分量。服装造型上还用了靛蓝色缎带在服装上进行拼贴，使服装更具有层次感。根据《Shadow Hunters》的灵感来源，服装图案主要运用的是格纹，所以不但在粗麻布上还是TPU 材质上都会有格纹的体现，在后期制作上会进行创作印染。

思考与练习

1. 服装流行趋势信息来源有哪些？
2. 关注最新一季四大时装周的服装流行趋势，并进行简要分析。

第八章
服装设计大师个案赏析

在世界服装发展演变的历史长河中，有着众多举世闻名的服装设计大师，他们经典的服装设计风格与作品给世人留下了极为深刻的印象，同时也引领着当下时尚潮流发展趋向。本章选取了东西方多位极具代表性与时尚艺术影响力的服装设计大师，通过对他们的经典风格与代表作品的概述，彰显服装设计大师极具个人魅力的设计理念。

第一节　西方服装设计大师

西方服装设计发展经历了漫长的时尚革命，众多服装设计大师的出现对于西方服装史的发展起到了推波助澜的作用。本节选取了多位在西方服装史上极具代表性与影响力的设计大师，如可可·香奈儿、克里斯汀·迪奥、弗兰克·莫斯奇诺、亚历山大·麦昆、薇薇安·韦斯特伍德、卓凡尼·华伦天奴等。

一、可可·香奈儿（Coco Chanel）

1883 年，法国著名服装设计大师可可·香奈儿（Coco Chanel）出生于法国索米尔的一个普通家庭。原本应该有着快乐童年的香奈儿却因母亲的突然离世而宣告终结，她的父亲则丢下她和其他几位兄弟姐妹而狠心离去，年幼的香奈儿只能跟随其姨妈一起生活。1914 年，已是而立之年的香奈儿开始了她的服装设计之路，并创立了时装品牌香奈儿。二战后，香奈儿重返时尚之都法国巴黎，并以她一贯的优雅简洁、随性自然的女装风格，再次迅速俘虏了一众巴黎时尚女性。1971 年，88 岁高龄的香奈儿与世长辞，在她逝世后，香奈儿集团由法国著名服装设计大师卡尔·拉格斐（Karl Lagerfeld）接任时尚总监，为香奈儿品牌注入新的活力。从接任时尚总监至今，卡尔始终秉承香奈儿女士的品牌精神为设计理念，力求将这种品牌精神融入每一季的新品之中。作为 20 世纪时尚界极具影响力的设计大师之一，香奈儿一生倡导维护女权主义，主张在服装中既赋予女性行动的自由，又不失温柔优雅的魅力。其中，在香奈儿品牌众多经典作品中，最具代表性的便是 2.55 经典链条菱格包了，细链条的包带设计就是香奈儿的用心所在，她提倡用这种细链条来解放女性拿包的双手。

1910 年，香奈儿在法国巴黎开设了一家帽饰专卖店（Millinery Shop），凭着独特的审美与熟练的针线技巧，她缝制出了一顶又一顶款式时髦、新颖别致的帽子（见图 8-1）。在当时的社会情境之下，名流贵族们早已厌倦了繁复、琐碎的花边装饰，而香奈儿所设计的新款帽子对她们来说则是眼前一亮。在短短一年内，香奈儿的帽饰店十分红火，吸引了众多客人的光顾，她也因此把帽饰店搬至了更具时尚潮流气息的康朋街（Rue Cambon），直到今天那里仍是香奈儿品牌的总部。但是，帽饰店的小小成功并不能满足香奈儿对于时装事业的无限追求与雄心壮志，因此，她决定开始进军高级定制时装领域，为自己的时装梦想拓展一片领土。

步入20世纪20年代后，香奈儿设计了许多新颖的服装款式，这些款式的出现对于西方女装的改革有着重要的历史意义，如针织水手裙（tricot sailor dress，见图8-2）、黑色迷你裙（little black dress）、针织套装配长串珍珠项链等，这些都成为香奈儿极具品牌风格特色的经典搭配。在设计过程中，香奈儿从男装上汲取了许多灵感，这也为女装的温婉气质增添了些许中性帅气的味道，也一改当年女装过分精美的奢靡风尚。例如，她将西装褛（Blazer）融入女装系列之中，又适时推出干练、简洁的女式裤装。值得一提的是，在当时的20年代，女性只会身着裙装出门，而香奈儿这些别具一格的时装设计创作为现代女装带来了重大改革，也注入了新鲜的活力。

图 8-1　香奈儿帽饰

图 8-2　香奈儿针织水手裙

除了时装领域之外，香奈儿还涉足美妆领域。1921年，她推出了Chanel No.5香水（见图8-3），这也是历史上第一瓶以设计师命名的香水。美国著名影星玛丽莲·梦露曾在回答一位记者"晚上穿什么睡衣入睡？"的问题时说道："A few drops of Chanel No.5"（擦几滴香奈尔5号而已）。采访一经播出，Chanel No.5香水更加名声大噪，加之配合独创的"双C"标志使这款香水成为香奈儿历史上最为热销的产品，且在恒远的时光长廊上历久不衰。至今，Chanel No.5香水在其官方网站依然是重点推介产品，并深受消费者的喜爱。

图 8-3　Chanel No.5 香水

二、克里斯汀·迪奥（Christian Dior）

迪奥（DIOR）作为优雅高级女装设计的代名词一直备受世人瞩目，其设计师克里斯汀·迪奥（Christian Dior）不仅继承了法国高级女装的传统设计理念，而且始终保持高级华丽的设计路线，也一直象征着法国时装文化的最高精神。

提起迪奥品牌，人们脑海中首先会浮现出其著名的黑白千鸟格服装（见图8-4），以及那张早已成为经典的优雅黑白照片，即一位站在塞纳河畔人行步道边缘的优雅女士。自1947年这张照片发表以来，迪奥品牌已历经70多年的时尚旅途，并带给人们不同凡响的时尚艺术盛宴。多年来，迪奥品牌的每一次新作推出都会引起时装界及传媒界的热切关注。作为高级女装时代（1947～1957年）的领军品牌，迪奥先生以美丽、优雅为设计理念，采取精致、简洁的剪裁方法，以品牌为标杆，以法国式的优雅浪漫为准则，坚持高品质的品牌路线，充分迎合了上流社会成熟女性的审美品位。

图8-4　迪奥品牌黑白千鸟格服装

女性化的华贵典雅是迪奥服装风格的永恒追求。相较于色彩而言，迪奥品牌更注重的是女性的造型线条，这种具有鲜明女性风格的服装主要强调了丰满的胸臀、纤细的腰肢以及柔美的肩形曲线，彰显女性的优雅气质。迪奥还使黑色成为一种流行色，例如古典奢华的晚装与现代硬朗的款式相结合，在力求女性柔美的过程中寻求统一的形式美。设计出具有艺术审美价值的时装，是迪奥孜孜不倦的品牌追求。

其中，"迪奥新风貌"（New Look）是指1947年2月12日迪奥所推出的极具时尚震撼性的创作。柔和的肩线，纤瘦的袖型，以束腰构架出的细腰强调胸部曲线的对比，长及小腿的宽阔裙摆，使用了大量的布料来塑造圆润的流畅线条，并且以圆形帽子、长手套、肤色丝袜与细跟高跟鞋等饰品衬托整体服装，这些种种不同的微妙细节诠释了极具纤美的女性气质，也唤醒了饱受战火摧残的女性对战前的温柔回忆。这种充满新鲜意象的时尚轮廓，被惊喜的媒体界称为"New Look"，因其轮廓与细节与二战之前所流行的垫肩外套、直筒窄裙完全不同，也和在第二战期间因为物资缺乏，被设计师应用最少布料的军装风貌女装截然相异。这种极具女性美感的设计作品，给予了众人新奇的视觉刺激。

迪奥成功地塑造出了一种完全属于他的时代特性，其普及性影响了同辈的设计师，终而树立起整个 20 世纪 50 年代的内敛、高尚的品位。除了在感性的层面影响到当代的审美价值，迪奥对于战后工业经济的复兴也功不可没。在战争之后推出的这种女性化风貌受到历史性的疯狂欢迎，也使巴黎在二战后又成为世界流行重地。

三、弗兰克·莫斯奇诺（Franco Moschino）

MOSCHINO 品牌是设计师弗兰克·莫斯奇诺（Franco Moschino）以自己的名字所命名的一个意大利品牌，创立于 1983 年，产品以设计怪异著称，风格高贵迷人、时尚幽默、俏皮为主线，主要产品有高级成衣、牛仔装、晚宴装及服装配饰。目前，MOSCHINO 主要生产服装、配饰和鞋履。近年来，该集团为进一步加强 MOSCHINO 的品牌实力，分别在市场营销和广告活动上花费了大量的资金。主品牌 MOSCHINO 旗下两个副品牌分别是 BOUTIQUE MOSCHINO 和 LOVE MOSCHINO。主品牌 MOSCHINO（见图 8-5）每一季会分支出多个主题系列，如"胶囊系列""兔八哥系列""超级马里奥系列""清洁剂系列""五十年代灵感系列""印花系列""疯狂购物系列""应用超市打折标签系列""飞天小女警系列"等。而 MOSCHINO 旗下隶属的 BOUTIQUE MOSCHINO 和 LOVE MOSCHINO 分别以不同主题诠释其内在涵义。

图 8-5　主品牌 MOSCHINO

BOUTIQUE MOSCHINO（见图8-6）由早期的MOSCHINO CHEAP&CHIC演变而来，其放弃了男装品类，专注于女装的发展。BOUTIQUE MOSCHINO的价格定位比主线MOSCHINO低30%~40%，其销售渠道并非独立门店的开设，而是主要通过"店中店"的销售模式来运营，不仅降低了成本，更提升了客流量。自从杰瑞米·斯科特（Jeremy Scott）作为创意总监接手MOSCHINO后，其品牌热度及销售额都有着明显的提升。目前，BOUTIQUE MOSCHINO为MOSCHINO的"贡献"正日渐递增，未来比重可望增至40%，当前数据仅仅包括BOUTIQUE MOSCHINO的服装及配饰的销售额。BOUTIQUE MOSCHINO品牌下分支的主题系列有"蕾丝精品系列""蝴蝶结精品系列""音乐精品系列""烘焙精品系列""伪造海军精品系列""花朵精品系列""五彩玫瑰精品系列"等。

图8-6　副品牌BOUTIQUE MOSCHINO

相较于BOUTIQUE MOSCHINO，LOVE MOSCHINO（见图8-7）面向的则是更年轻的消费群体，其成衣由拥有MOSCHINO 30%股权的意大利服装制造商Sinv SpA负责，配件则由Aeffe SpA旗下的制造商POLLINI服装负责。LOVE MOSCHINO强调"爱与温暖"的传递，将"LOVE"视为传递温暖的世界语言，为热爱MOSCHINO的消费者传递"爱与时尚"。作为MOSCHINO的"时尚DNA"，LOVE MOSCHINO用时尚的语言形象诠释了时尚价值。从本质上来讲，LOVE MOSCHINO不断地向母品牌MOSCHINO注入许多新鲜血液，使其赢得了更多消费者的追捧。LOVE MOSCHINO以主题图案纹样为系列，沿袭品牌创立之初至今的风格元素，同时紧跟当下时尚流行趋势，不断地推陈出新。如将LV的"Monogram"换成MOSCHINO的"M字样"系列、"Love hearts"（爱心系列）、"Foulard print"（丝绸打印）、"Hermes playful sense of humor"（爱马仕戏谑幽默）、"Trompe l'oeil"（视觉陷阱）、

"Buckle up"（安全带）、"Love dolls"（玩偶娃娃）、"Animalier"（动物纹样）等。

　　MOSCHINO 与两个副品牌同时进行营销运作，细分不同的利益市场，发挥各个品牌的最大效能，以此获得最大利润。当下服装行业所面临的困难是多样化的，在客观条件受限的情况下，服装品牌的成长速度与发展空间也越来越小。因此，只有当一个服装品牌的成本预算、技术支持、营销管理、服务售后等产生相对优势时，推行品牌策略的道路才会越来越顺畅。

图 8-7　副品牌 LOVE MOSCHINO

四、亚历山大·麦昆（Alexander McQueen）

　　1969 年 3 月 17 日，被誉为"英国时尚教父"的服装设计师亚历山大·麦昆（Alexander McQueen）出生于英国伦敦的一个平凡家庭。从小就怀揣着服装设计梦想的麦昆考入英国圣马丁艺术设计学院主修服装设计专业，并荣获艺术系硕士学位。大学毕业后，勤奋好学的他相继在英国、日本、意大利等国家的服装公司实习工作。在一次国际时装展中，麦昆的作品被《VOGUE》著名时装记者采访报道，并由此开始名声大噪，走上了国际时尚舞台。1996 年，麦昆开始为法国著名时装品牌纪梵希 GIVENCHY 设计室设计成衣系列，次年，麦昆取代约翰·加利亚诺（John Galliano）成为纪梵希品牌的首席设计师，并在巴黎时装周上获得众多一致好评。在时尚界崭露头角的麦昆开始进军影视圈为明星们设计服装，1998 年，麦昆为当红一线女星凯特·温丝莱特（Kate Winslet）设计了她出席奥斯卡颁奖晚会的礼服，令众人为之惊艳。在之后的数十年中，麦昆极具艺术创造力的设计为时尚界带来了一次又一次的惊喜。然而，令人惋惜的是，2010 年 2 月 11 日，麦昆在伦敦家中自缢身亡，结束了自己年轻的生命。

谈及麦昆最著名的代表作品一定是非骷髅丝巾（图8-8）、骷髅衫莫属，也是颇受消费者喜爱的单品。众多好莱坞女星、超级名模等社会名流几乎人手一条骷髅丝巾，风靡全球。在麦昆的设计作品中，常常可以看到由骷髅元素演变出的各种变化风格，这一代表性元素早已成为时尚的经典。另外，麦昆所设计的骷髅头元素戒指、项链、手镯、雨伞等配饰也风靡到了极点，受到了全球消费者的青睐。

图 8-8　骷髅图案印花丝巾

在麦昆的系列作品中，充满个性、独特的设计理念一度成为时装报道的头条新闻。如取名为"包屁者"的超低腰牛仔裤（bumster pant，见图8-9），外形酷似"龙虾爪"或"驴蹄"的"摩天高跟鞋"等（见图8-10），这些造型独特的高跟鞋采用了多种装饰材料，如钢铁配件，皮革等特殊材料，更被高跟鞋的酷爱者们誉为旷世奇作，如受到了流行天后Lady Gaga的高度青睐。但同时也因为其高度超出了正常范围的高度，而遭到一些名模的抗议。麦昆大胆创新的设计很快便令其品牌与"朋克教母"薇薇安·韦斯特伍德（Vivienne Westwood）相提并论，成为英国年轻人所热衷追捧的对象。

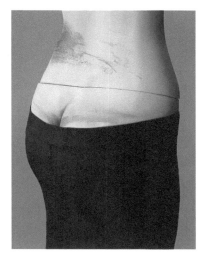

图 8-9　"包屁者"超低腰牛仔裤

图 8-10　驴蹄鞋

五、薇薇安·韦斯特伍德（Vivienne Westwood）

来自英国的著名时装设计师薇薇安·韦斯特伍德（Vivienne Westwood）是朋克运动的显赫领军人物，有着"朋克之母"之称的她与其第二任丈夫马尔姆·麦克拉伦（Malm McLaren）携手迈向了朋克的时尚之路。马尔姆·麦克拉伦是英国著名摇滚乐队"性手枪"的组建者，由于有着相同的爱好与追求，薇薇安与马尔姆使摇滚具有了典型的外表，如撕裂、挖洞T恤、拉链等，这些朋克风格元素一直影响至今。

在薇薇安的设计中，她十分擅长从传统服装中汲取灵感、寻找素材，并融入自己设计想法从而转化为具有现代风格的设计作品。例如，她时常提取17～18世纪传统服饰中的经典代表元素，并融入自己的设计理念进行二次设计，最后以全新、独特的视觉手法将街头流行元素完美融入时尚领域，呈现出别具一格的时尚趣味。除此之外，她还尝试将西方紧身束腰胸衣、厚底高跟鞋、经典的苏格兰格纹等元素进行重组，使其再度成为经典的时髦流行单品。皇冠、星球、骷髅等元素也是薇薇安品牌运用的经典元素，这些元素常以绚丽的色彩被运用至在胸针、手链、项链等配饰设计上，融入了些许时尚趣味。在众多服装设计大师中，薇薇安的设计构思常常是较为荒诞、充满戏谑的，但同时也是最具有独创性的。

20世纪70年代末，薇薇安开始尝试在设计中使用不同的面料材质来彰显服装的魅力，如使用皮革、橡胶等材质来表现怪诞风格的服装，并配以造型夸张的陀螺型裤装、毡礼帽等戏谑怪诞的服装廓形与配饰。在80年代初期，薇薇安开创了"内衣外穿"的大胆式穿衣风格，她将女性传统的私密胸衣穿在外衣上，在裙裤外加穿女式内衬裙、裤并将衣袖进行不对称设计，同时运用不协调的色彩组合及粗糙的缝纫线等进行怪诞设计，她甚至扬言要把"一切在家中的秘密"公之于世来颠覆时尚准则，薇薇安的种种疯狂设想成为时尚界一道亮丽的风景线。面对来自社会中褒贬不一的评价，薇薇安开始脱离强烈的社会意识与政治批判，转而逐渐开始重视剪裁及面料材质选择与运用，她设计了许多不同风格混搭类型的服装款式，如波浪裙、荷叶滚边、皮带盘扣海盗帽、长筒靴等备受国际时尚界的瞩目，这些不规则的剪裁方式，不同材质、花色的对比、无厘头穿搭方式等已成为其独特的品牌风格。

六、卓凡尼·华伦天奴（Giovanni Valentino）

卓凡尼·华伦天奴（Giovanni Valentino）于1932年出生于意大利那不勒斯市，是意大利著名时装品牌华伦天奴（VANLENTINO）始创家族的第三代继承人。历久弥新、永不过时是华伦天奴对于设计所抱有的坚定信念，他的每一件服装作品都犹如一件精美的艺术品，令人叹为观止。对于每一件服装作品的完美呈现，华伦天奴先生本人都有着严谨的审美标准，在他每一季的作品中都能够感受到有关美的新定义。在华伦天奴的设计中，通常讲究运用柔软、贴身的丝质面料与华贵典雅的亮缎绸，加之合身剪裁及高贵大气的整体搭配，完美诠释了名媛淑女们梦寐以求的优雅风韵。杰奎琳·肯尼迪（Jacqueline Kennedy）、茱莉亚·罗伯茨（Julia Roberts）、妮可·基德曼（Nicole Kidman）、里兹·赫里（Liz Hurley）等众多明星及社会名流都是华伦天奴的忠实顾客，在各种大型活动中总是能看到她们身着华伦天奴服装的亮丽倩影。

作为全球高级定制和高级成衣奢侈品品牌，华伦天奴的产品包括高级定制服装、成衣及配饰，包括手袋、皮鞋、小型皮具、腰带、眼镜、腕表、香水等，这些产品都尽显华伦天奴清新脱俗的优雅气质与精美卓越的工艺制作。在华伦天奴的任何一家门店中都可感受到华伦天奴创作表达中的人本主义与穿戴者的个性特质。

对华伦天奴本人而言，将品牌融入上流社会中是华伦天奴品牌通往成功的一大重要原因。上流社会中的社交名流作为推广品牌的重要媒介可以为品牌更好地宣传造势，他曾说过："若想拥有华伦天奴的高级时装，就必须具备较高的审美与经济实力。"在华伦天奴的众多经典设计作品中，许多标志性的设计元素在服装界有着重要的代表意义，如"华伦天奴红"简约套装（见图8-11）、极致优雅的V形剪裁晚礼服等都极具品牌特色，这些精美的服装使人印象深刻其额回味无穷。在意大利，华伦天奴的传奇故事一直被世人所传颂，其品牌战略与设计创意也一度推动了全球时尚界的发展，具有里程碑式的时尚意义。

图 8-11 "华伦天奴红"服装

七、贝尔·德·纪梵希（Bell De Givenchy）

法国著名时装设计大师贝尔·德·纪梵希（Bell De Givenchy）于 1927 年出生于法国诺曼底的一个艺术之家。自孩童时代其，纪梵希就展现出了非凡的艺术天赋。多年以后，25 岁的纪梵希在时装设计大师巴伦夏卡的鼓励下开设了自己工作室——纪梵希工作室，并与著名影星奥黛丽·赫本 (Audrey Hepburn) 共同创造了一个时尚神话，即"赫本风"（见图 8-12）。

自 1953 年起，纪梵希便开始为好莱坞电影明星设计服装，并受到前所未有的欢迎。其中，两位颇具代表性的世界时尚宠儿奥黛丽·赫本与杰奎琳·肯尼迪 (Jackie Kennedy) 都完美演绎了纪梵希的经典设计风格，她们将纪梵希式的优雅、高贵展现得淋漓尽致。在电影《情妇巴黎》中，当赫本身着纪梵希白色礼服出现的那一刻起，"纪梵希式的优雅"便由此拉开了帷幕，并备受时尚界的热切关注。从 20 世纪 50 年代初至 90 年代末，"赫本式"服装一直是纪梵希服饰的象征与标志。在约翰·肯尼迪总统遇刺身亡后葬礼上，肃穆悲伤的肯尼迪家族全部身着纪梵希服饰，其中杰奎琳·肯尼迪更为葬礼而专门定制了一套纪梵希丧礼服，并专程从巴黎空运过来。

图 8-12　贝尔·德·纪梵希与奥黛丽·赫本

　　纪梵希品牌自创立以来一直保持着优雅、高贵的风格，在时装界当属优雅风格的领军品牌。不仅如此，纪梵希本人也总是穿着十分低调儒雅，无论出席任何场合，都犹如绅士一般稳重儒雅。1995 年夏，纪梵希先生宣告隐退幕后并举办了其最后一次高级时装发布会，这场发布会重温了纪梵希品牌多年来的风格本质，并将女性活泼、优雅的一面再次展现给媒体大众。

八、伊夫·圣·罗兰（Yves Saint Laurent）

　　20 世纪 60 年代末，西方女权主义开始逐渐苏醒，著名服装设计大师伊夫·圣·罗兰（Yves Saint Laurent）也开始崭露头角。1966 年，圣·罗兰设计推出了第一套女版西装，并由此开始备受时尚界关注。在圣·罗兰的设计中，白衬衫、领结、黑色套装、毛呢礼帽等男装元素是其钟爱的设计元素，他常常将这些元素运用到女装设计之中。虽然他没有像乔治·阿玛尼一样，用一块垫肩结束了男权社会对女性在职场上的无形屏障，但是这些利落、干脆的女士西装却备受大众的喜爱。

　　"吸烟装"是圣·罗兰先生最具代表性的设计作品之一（见图 8-13）。在 2002 年的告别时装展上，他向世人重新展示了"吸烟装"数十年来的时尚发展历程。最初，伊夫·圣·罗兰只是融入了男装款式中的领结、白衬衫等元素，后来，他又尝试将线条进行收紧，彰显一种利落而干脆的设计。圣·罗兰先生力求凸显女性特质，如利用腰部收紧的设计体现婀娜多姿的腰线，或是运用夸张肩部的倒三角设计，展现专属女性的纤细身躯。

图 8-13　伊夫·圣·罗兰所设计的女士"吸烟装"

　　圣·罗兰先生曾说过："对于任何一位女性来讲，'吸烟装'都是一款必不可少的装扮。穿上它，一个女人就能永远置身于潮流之中，因为它体现的是风格，而不是潮流。虽潮流已逝，唯风格永存。"凭借着独到的见解与设计理念，圣·罗兰使"吸烟装"成为不可超越的经典之作。现如今，"吸烟装"作为当代独立女性的代表之作已广受追捧，也为当代服装设计师提供了设计灵感的源泉。

第二节　东方服装设计大师

　　相较于西方服装设计发展进程，东方服装设计发展虽起步较晚，但其极具东方韵味与魅力的设计特征为其在世界时尚舞台中奠定了稳固、扎实的基础。本节选取了多位在东方服装史上极具代表性与影响力的设计大师，如日本解构主义大师山本耀司、日本褶皱主义大师三宅一生及中国本土著名设计大师马可、郭培等。

一、山本耀司（Yohji Yamamoto）

　　山本耀司（Yohji Yamamoto）于 1943 年出生于日本横滨，是世界时装日本浪潮的设计师和掌门人。他以简洁而富有韵味、线条流畅、反时尚的设计风格而著称，主要擅长男装设计。

　　作为一位低调、沉稳的服装设计大师，山本耀司一直在透过服装表达内心的想法。他认为服装设计是一种无国界、无民族差别的设计手法，只有通过自己内心的诠释才可将其展现在公众面前。在消费者心中，亚洲人或许更能体会山本耀司的设计理念与内心世界。20 世纪 80 年代初，亚洲设计师在巴黎时尚界开始崭露头角，其中山本耀司作为日本先锋派的代表人物之一与三宅一生、川久保玲一起将西方建筑风格与日本传统服饰结合起来，并赋予服装新的内涵与意义。他们力求通过自身的设计理念将服装与着装者相融合，打造一种全新的设计盛宴。

山本耀司不喜欢墨守成规、一成不变的设计，因此在他的设计中很难去分辨性别，他时常将男装元素融入女装设计之中，来模糊性别界限。例如，他喜欢运用夸张的比例结构去掩盖女性的纤细体态，并以此来表现雌雄同体的美学概念(Androgynous Asexual Aesthetic)。细致整齐的剪裁、洗水布料、低调内敛的黑色都是山本耀司的所擅长运用的风格元素。在 1972 年与 1979 年，山本耀司分别创立了 Y's For Women 与 Y's For Men 两个品牌，它们通过山本耀司独特的设计理念，成为时尚界新一代的潮流风向标，也奠定了亚洲设计师在国际上的地位。

山本耀司非常热爱日本传统历史文化，常常从日本传统服饰中汲取设计灵感，如以和服为参考源，借以层叠、悬垂、包缠等手段，形成一种不固定式的着装概念（见图 8-14），并以此来传达时尚设计理念。不对称的领型、下摆等款式元素是山本耀司设计中常见的细节表达，它们会人体在穿着后跟随体态动作而呈现出不同的变化。山本耀司摒弃了西方体现女性优美曲线的传统紧身衣裙，而是选择在人体模型上进行自上而下的立体裁剪，并从两维的直线出发，形成一种非对称式的外观造型，这种别致的设计理念也是日本传统服饰文化中的精髓所在。在山本耀司的设计运用下，这些不规则的形式显得十分自然、流畅。这种大胆彰显日本传统服饰文化精髓并与西方主流时尚背道而驰的新着装理念，不仅使山本耀司在时装界站稳了脚跟，而且对西方众多设计师也产生了巨大的冲击与影响。

图 8-14　山本耀司男装系列

在山本耀司的服装标牌上曾经有着这样一句话："还有什么比穿戴得规规矩矩更让人厌烦呢？"透过这句话可以深刻感受到山本耀司肆意洒脱、低调内敛的设计理念与品牌精神。除此之外，山本耀司还擅长运用新型面料来表现服装的质感，如将麻织物与粘胶面料相结合，形成一种别具风格的设计效果。

二、三宅一生（Issey Miyake）

日本著名服装设计大师三宅一生（Issey Miyake）凭借极致的裁剪与工艺创新而闻名于世。自孩童时期起，三宅一生就根植于日本传统的民族观念、生活习俗与传统价值观之中，并一直坚持以无结构的模式进行设计，透过深度逆向思维而进行创意设计。打散、揉碎，重组等形式构造是三宅一生常用的设计手法，这种基于传统东方制衣技术的新型模式兼具了宽广、自在的精神内涵，反映了日本式的自然科学与人生哲学。

曾被人称作"最伟大的服装创造家"的三宅一生对于服装的创新有着独到的想法，他的作品时常看似无形，却疏而不散，并能准确地体现东方文化的神秘感。在西方国家，人们一向只强调视觉之美，强调胸腰臀的夸张线条，而忽略了服装最基本的功能性。而三宅一生则主张冲破西方设计思想的束缚，重新寻找时装生命力的源头，并从东方服饰文化与哲学中分解出全新的设计概念，如服装内在美与外在美的和谐统一等。在三宅一生的设计理念中，时常可以看到有关蔑视传统、自在飘逸、尊重穿着者舒适度的新型服装，他对于服装的创意表达已远远超出了时装的界限（见图8-15）。

图8-15　三宅一生系列女装

在服装造型设计上，三宅一生开创了服装设计上前所未有的解构主义设计风格。通过借鉴东方制衣技术以及包裹缠、绕的立体裁剪技术，在结构上进行创意设计，令观者为之惊叹。

在服装面料的运用上，三宅一生放弃选用高级时装及成衣一贯使用的传统面料，而是将其与现代科技相结合，选择采用各种不同风格材质的面料，如宣纸、白棉布、针织棉布、亚麻等创造出各种不同的肌理效果，如褶皱就是其品牌的代表性面料。这位被称作"面料魔术师"的设计大师对于面料的要求近乎苛刻，对他来说，每次使用多种面料进行再造设计就像一次精彩的冒险旅程，通过不断的探索与试验，最终才可达到自己心中理想的设计效果。在色彩表达方面，三宅一生所运用的色调总是流露出浓郁的东方人文情怀，通过色块拼接等设计手法来改变服装造型的整体效果。一方面，不仅提升了穿着者的个人风格品位；另一方面也使他的设计显得更加富有韵味且与众不同。

三、高田贤三（Takada Kenzo）

日本服装设计大师高田贤三（Takada Kenzo）于 1939 年出生于日本兵库县姬路市，在他的作品中，人们可以感受到不同于其他品牌的热情与狂野，他所设计的服装总是充满了时尚趣味且令人印象深刻（见图 8-16、图 8-17）。对于高田贤三来说，服装必须具有较高的实用功能，因此，在他每一季新品发布会中几乎每一款都能找到与之对应的穿着场合。青年时期的高田贤三为了追求自己的设计梦想，不远万里前往巴黎开启了他的设计师生涯。对他而言，服装设计工作是一项无国界的设计工作，尽管他所设计的服务对象由东方人转换为西方人，但却丝毫不影响其设计灵感的迸发与呈现，他将东西方两种截然不同的文化内涵与自身的情感交织在一起，并由此碰撞出全新的火花。

图 8-16　高田贤三品牌海报　　　　　　　　图 8-17　高田贤三系列女装

在高田贤三前往巴黎开创事业之初，他就已经形成了自己的设计风格，例如将巴黎作为设计主体并融入东方设计元素，这在当时的巴黎时尚圈是较为少见的。这位被称作"色彩魔术师"的设计大师还通过将服装的袖口加宽，改变肩膀的形状并使用全棉织物来体现服装的面料质感，运用色彩绚丽的图案印花元素来诠释独特的设计理念。高田贤三曾说过："我的衣服是来表达一种关乎自由的精神，而这种精神，用衣服来说就是简单、愉快和轻巧。"作为第一位采用传统和服式直身剪裁技巧的时装大师，虽然他摒弃了传统的硬挺面料，但却继承保留了服装挺直外形的造型轮廓。在高田贤三的作品中，随处可见有关大自然的主题素材，如植物花卉、野生动物、水波纹等。他认为服装色彩是服装整体造型中最为重要的一部分，因此力求通过每一种色彩来诠释服装独特的时尚韵味。其中，高田贤三非常热衷于运用具有神秘东方气息的传统色彩，如酒红、亮紫、藏青等都是他经常使用的颜色。在高田贤三众多系列代表作中，"快乐花朵"是一个较为典型的代表性图案，其中包括大自然花卉、中国唐装传统纹样与日本和服传统纹样等，高田贤三还使用上千种染色及组合方式，包括历史悠久的印花蜡染等工艺手法来表现花的美感，因此他所设计出的面料总是呈现出绚烂欢快的视觉感。

此外，趣味性表达也是高田贤三服装作品中的另一大特色，他主张在生活中发掘艺术，希望透过服装呈现出一种幽默欢快的设计感。高田贤三认为在现代生活中，人们生活节奏快且压力较大，应当适当地放松、调整，冲破都市水泥楼群的束缚，回归简单质朴的大自然。因此，他在设计时常常追求一种"自然简约、流畅自如"的设计理念，主张释放身心，赢得服装对身体的尊重。

高田贤三的设计灵感如一段难忘的环球旅行，从南美印第安人、蒙古公主、中国传统图案到土耳其宫女、西班牙骑士等，这一路承载了世界各地绚烂的民族文化与艺术瑰宝。

四、川久保玲（Rei Kawakubo）

20 世纪 40 年代，日本服装设计大师川久保玲（Rei Kawakubo）出生于日本东京的一个中产阶级家庭。1973 年，年过 30 的川久保玲在东京创立了自己的设计公司并开始向时尚界传递一种新型的服饰理念。被时尚界誉为"另类设计师"的川久保玲主张独立、自我，擅长在十分前卫的设计风格中融合东西方文化概念，如将日本低调沉稳的传统服装结构进行不对称重叠式的创意剪裁，配合干练、利落的线条与沉郁内敛的色调，呈现出新型设计意识形态的美感。川久保玲不仅是时尚界真实的创造者，也是一位具有原创观念的服装设计师。

20 世纪 80 年代初，川久保玲以不对称、曲面状的前卫服饰风格闻名于时尚界，她通过一场具有时尚革命意义的时装发布会使原来仅限于晨礼服和燕尾服的黑色成为流行，并受到众多时尚人士的追捧与喜爱。自那时起，川久保玲就开始为服装设计而勇敢奋斗并不断设计出前所未有的新型服装式样，引领了一股时尚潮流。令人惊诧的是，在当时那个风靡出国求学的年代中，川久保玲却未曾前往国外求学深造，她也是一位未曾主修过服装设计课程的特殊设计师。她既没有遵循传统的设计规则，也没有经过正统的设计训练，但川久保玲的设计绝不仅仅体现于日本的传统民族文化，她的设计理念已经远远超越了当时堪称引领潮流的美、英等发达国家。虽然她的服装作品看似古怪、奇特，但是却蕴含着十分深刻的内在思想，引人深思，这位充满传奇色彩的服装设计大师引领着年青一代去寻求潮流的真谛与内心的本真（见图 8-18）。

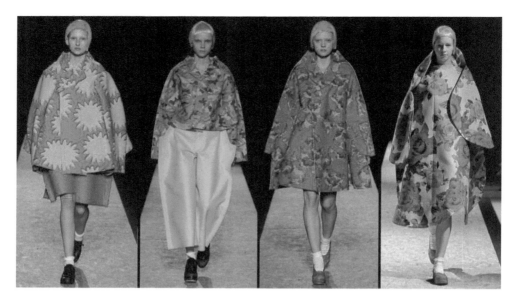

图 8-18　川久保玲系列女装

　　一身黑色的服装，不对称的黑色齐肩短发是川久保玲的标志性装扮。她曾说过："黑色是最舒服、最有力量且最富于表情的。我热爱有关黑色的一切事物。"然而，由于川久保玲对黑色的极度热衷与推崇使得人们对这位前卫的设计师产生了负面评价，甚至被媒体批评报道，有人认为她的设计作品过于肃穆、悲凉，缺乏积极的正能量。但是，这些负面说辞从未影响到川久保玲对于时尚的追求，她也未曾因他人的评价而更改自己的设计风格，多年以来，川久保玲一直坚持着心中的设计梦想，为时尚而努力奋斗着。

五、马可

　　1971年中国著名服装设计师马可出生于吉林省长春市的一个普通家庭，由于从小高挑挺拔，马可考入了苏州丝绸工学院（现苏州大学艺术学院）工艺美术系，主修时装设计与服装表演专业。在校期间，勤奋努力的马可对服装设计产生了浓厚的兴趣并时常流连于服装工艺房中。1994年，刚刚大学毕业的她以服装作品《秦俑》而斩获第二届中国国际青年兄弟杯服装设计大赛金奖，并由此开启了她的服装设计生涯。2013年，马可为中国"第一夫人"彭丽媛设计出访服装而被世人所熟知并享誉全国。

　　1996年，马可与其前夫毛继鸿创立服装品牌"例外"。2006年，马可在珠海创立本土奢侈服装品牌"无用"，并在法国巴黎高级定制时装周上发布了一场名为"奢侈的清贫"的时装发布会。对马可本人而言，这场发布所传达的内容已不仅仅只是服装本身，而更多的是服装之外的精神态度，如艺术理念、生活方式等。马可认为一般着装品位相同的人，在谈话时也相对会比较投机。在她心中，服装是表现人们性格特质及内心诉求的承载体，更是人类思维的延伸体，它能够让你的"同类"一眼辨认出你。在当今快节奏的社会生活中，人与人之间的交往时间往往是非常短暂的，而外在的着装风格，就像一张无形的标签在代表着你，使你的"同类"产生出与你进一步交往的想法。

对于马可来说，在当下这个已被过度耗费资源的地球上，消费者可以通过主动的选择，拒绝毫无意义的华丽与消费欲望，以"自求简朴"的生活态度追寻更加高层次的精神生活。在现实生活中，服装已不再仅仅是实用性及装饰性的功能性表达，很多场合下服装一如艺术品家的作品一般，需要运用极具艺术性的创作语言来表达。只有这样才能使人们更多地贴近自己的内心世界，产生深度的自我交流与对话。

"无用并非真正的无用，而是代表着经久耐用的品质，是生活里的必需品。"在马可心中，她始终希望更多的人能够从她的服装作品中发掘自己的本真与真实需求，学会区分什么是真正的"需要"以及"想要"，应当少一些欲望和物质上的占有，多亲近自然和直面本心。多年以来，马可始终坚持将中国传统精神价值观融入设计之中，不断积极地倡导一种简单、质朴、具有精神内涵的自然状态。她坚信人类是自然界中的一员，只有回归自然纯真，身心才能得到最大限度愉悦，生活得更加轻松自在（见图8-19）。而今，这位才华横溢的设计师仍在不遗余力地推崇着自己的理想。

图8-19 "无用"服装作品

六、郭培

我国著名服装设计师郭培早年就读于北京市第二轻工业学校，主修服装设计专业，在校期间，小小年纪的她就表现出了不同凡响的设计天赋。如今，作为我国第一代服装设计师与高级定制服装设计师的她曾为众多社会名流设计定制礼服，如在近年来的春节联欢晚会中，主持人所身着的礼服大多均来自郭培的设计工作坊，她也因此被誉为"春晚御用设计师"。在业界人士看来，力求极致完美的她在中国服装业界有着举足轻重的地位。

多年来，郭培对于时尚一直有着自己独到的审美与见解，她的作品常常代表了女性的时尚梦想。作为中国最早开辟定制礼服之路的郭培，也因此成为国内一线女星最早选择的高级定制服装设计师，郭培的服装作品总是令人过目不忘且为之惊叹，如2008年北京奥运会颁奖礼服、希腊奥运圣火采集仪式上章子怡身着的服装、2009年春节联欢晚会上宋祖英的"瞬间换装术"等。郭培的服装设计作品见图8-20。

在郭培心中，将中国传统设计推向世界是其毕生的设计梦想，她认为若要弘扬中国设计，就必须先学会运用自己的语言去设计，如果一味地借鉴与模仿只会使自己思绪变得越来越混乱。刺绣是郭培在设计中最常运用的一种工艺手法，雍容华贵的凤凰牡丹与玲珑秀美的雕花都精致至极。郭培曾说过："作为一名优秀的服装设计师，首先要学会拿针，而玫瑰坊（郭培的工作坊）的设计师，都必须先进入车间学习缝纫。如果连针都没拿过，肯定不清楚怎么做衣服才最舒适。"

图8-20 郭培的服装设计作品

多年来，郭培设计了无数的优秀作品，在她的工作室里有近200位绣娘，每天专注于刺绣，她坚持每一件服装都纯手工制作，这种用心的设计态度在业内时常被传颂。对郭培来说，即便一件服装需要手工制作上千个小时才能完成，但她也从不吝惜时间，力求完美精致。在为2008年北京奥运会设计颁奖礼服时，郭培倾注了大量的心血，设计了上百张图纸，奋战了数月，最终取得了满意的设计效果。

5000多年的文明历史发展孕育了优秀的传统文化，也深深积淀了中华民族最深沉的精神追求。自始至终，郭培坚持从中国传统文化中汲取设计灵感，在设计中体现当代中国的时代精神与民族气魄。她的作品中流露着自己对于事业的热爱以及对梦想不懈的追求。对郭培来说，设计已不再是单纯的设计，她将秉承着传递中国传统文化的历史使命，发扬东方审美风范，促进中西方文化交流与艺术融合。

七、许建树

著名华裔设计师许建树（又名劳伦斯·许）早年曾就读于中央工艺美院（现清华大学美术学院），主修服装设计专业，毕业后前往时尚之都巴黎深造。作为法国著名服装设计师弗兰西斯·德洛克朗的得意门生，许建树在服装设计上展现了非凡的设计天赋。2013年，年纪轻轻的他变成了第一位荣登巴黎服装高级定制周T台的中国设计师，并开始名声大噪。

许建树出生于建筑世家，由于从小深受中国传统文化的熏陶，因此年纪小小的他从少年时期便开始为家人制作旗袍、马甲等传统服装，展露了惊人的设计天赋。虽然此时的许建树还未曾受过专业的服装设计训练，但是在好奇心的驱使下，许建树开始了不断地尝试，如反复进行面料拼贴，服装版型创新等都是他最喜欢的设计创作，这也是他探索服装设计之路的起点。

对于许建树而言，在设计过程中所迸发出的灵感是尤为重要的，一名优秀的服装设计师应当有着异于常人的独特审美。由于从小受传统文化的熏陶，加之后来留学巴黎的经历使得他的服装作品常常具有中西合璧的设计风格。在他的服装作品中，中国传统历史文化与东方古典韵味是其表达设计风格的重要元素，除此之外，也融合了许多西方现代主义与自由的精神与内涵，并由此筑成一个绚丽多彩的时尚传说。

在设计过程中，许建树始终遵循"以人为本"的服装设计理念，一方面不断学习西方服装设计中的经典剪裁手法；另一方面凭借自己对中国传统元素的独特理解与创造性运用，尽心诠释别具匠心的东方之美。许建树所设计的服装作品总是离不开雍容华贵、娴静典雅的大气风格，这也促使他成为世界高级定制领域中最具亮点的中国面孔（见图8-21）。作为首位入围巴黎高级定制时装周的中国高级定制品牌，许建树凭借着自己的设计才华辉映了整个巴黎。在世界服装设计的历史长河中，因为许建树的出现而打破了西方人一统高级定制江山的格局，也为热爱高级定制华服的时尚界带来了全新的视觉盛宴。作为巴黎时装周等各大时尚展演邀请的重要嘉宾，许建树一直游历于世界顶尖的时尚活动与交流之中，为热爱中西合并的新式华服提供了别具一格的新选择。

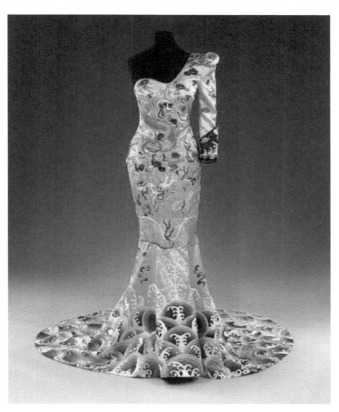

图 8-21　许建树服装设计作品

　　许建树始终坚持赋予每一位客人无可取代的唯一性，主张唯一的气质对应唯一的美。在服饰风格方面，许建树力求从东西方交融的文化中汲取养分，表达内心的时尚诉求；在面料选择方面，许建树也一直遵循高品质的面料表达，从世界范围的顶级面料中优选最佳面料来诠释服饰的完美质感，并通过人工缝制来体现服装每一处的精美细节。如今，在饱受成衣业冲击的市场环境中，许建树一直坚守以近乎苛刻的认真态度来体现高级定制的内在精神与审美追求。

思考与练习

1. 各选择一位你喜爱的东、西方服装设计大师，针对其设计风格与作品进行简要对比分析。
2. 结合自己的想法，谈谈未来中国服装设计发展前景。

参考文献

[1] 李当岐. 服装学概论 [M]. 北京：高等教育出版社，1998.

[2] 李正，徐催春等. 服装学概论 [M]. 北京：中国纺织出版社，2007.

[3] 史林. 服装设计基础与创意 [M]. 北京：中国纺织出版社，2006.

[4] 史林. 高级时装概论 [M]. 北京：中国纺织出版社，2002.

[5] 王受之. 世界时装史 [M]. 北京：中国青年出版社，2002.

[6] 刘元风. 服装设计学 [M]. 北京：高等教育出版社，1997.

[7] 刘晓刚. 品牌服装设计 [M]. 上海：东华大学出版社，2007.

[8] 李莉婷. 服装色彩设计 [M]. 北京：中国纺织出版社，2004.

[9] 杨威. 服装设计教程 [M]. 北京：中国纺织出版社，2007.

[10] 徐亚平，吴敬等. 服装设计基础 [M]. 上海：上海文化出版社，2010.

[11] 张金滨，张瑞霞. 服装创意设计 [M]. 北京：中国纺织出版社，2016.

[12] 崔荣荣. 服饰仿生设计艺术 [M]. 上海：东华大学出版社，2005.

[13] 侯家华. 服装设计基础 [M]. 北京：化学工业出版社，2017.

[14] 李永平. 服装款式构成 [M]. 北京：高等教育出版社，1996.

[15] 邓岳青. 现代服装设计 [M]. 青岛：青岛出版社，2004.

[16] 余强. 服装设计概论 [M]. 重庆：西南师范大学出版社，2002.

[17] 叶立诚. 服饰美学 [M]. 北京：中国纺织出版社，2001.

[18] 李超德. 设计美学 [M]. 合肥：安徽美术出版社，2004.

[19] 张星. 服装流行与设计 [M]. 北京：中国纺织出版社，2000.

[20] 沈兆荣. 人体造型基础 [M]. 上海：上海教育出版社，1986.

[21] 黄国松. 色彩设计学 [M]. 北京：中国纺织出版社，2001.

[22] 华梅. 西方服装史 [M]. 北京：中国纺织出版社，2003.

[23] 袁仄. 服装设计学 [M]. 北京：中国纺织出版社，1993.

[24] 曾红. 服装设计基础 [M]. 南京：东南大学出版社，2006.

[25] 张如画.服装色彩与构成 [M]. 北京：清华大学出版社，2010.

[26] 赖涛，张殊琳等.服装设计基础 [M]. 北京：高等教育出版社，2002.

[27] 庞小涟.服装材料 [M]. 北京：高等教育出版社，1989.

[28] 李正.服装结构设计教程 [M]. 上海：上海科技出版社，2002.

[29] 刘国联.服装厂技术管理 [M]. 北京：中国纺织出版社，1999.

[30] 徐青青.服装设计构成 [M]. 北京：中国轻工业出版社，2001.

[31] 郑巨欣.世界服装史 [M]. 杭州：浙江摄影出版社，2000.

[32] 曹永玓.现代日本大众文化 [M]. 北京：中国经济出版社，2000.

[33] 卢乐山.中国女性百科全书社会生活卷 [M]. 沈阳：东北大学出版社，1995.

[34] 代安荣.顶级裁缝·皮尔·卡丹 [M]. 长春：吉林出版集团有限责任公司，2014.

[35] 唐前.美的世界 [M]. 成都：四川人民出版社，1994.

[36] 陈莹.纺织服装前沿课程十二讲 [M]. 北京：中国纺织出版社，2012.

[37] 包昌法.服装学概论 [M]. 北京：中国纺织出版社，1998.